前言

在這個感性成熟的時代，我們越來越懂得重視設計。對於居室色彩而言，設計師將為此投入更多精力，甚至將該項工作獨立成專門的職業，來滿足日益豐富的色彩美學需求；而愛家人士，更是將生活的熱度投射到色彩中，希望從中解密出布置家居的奧妙。為生活賦予寧靜的、平和的，或是激情的、華麗的心情，使我們在居室空間中感受到自由與個性，感受到歸屬和幸福，是我們如此行動的主要原因。

瞭解色彩的原理，並結合空間的實際情況，就能做出恰當的色彩選擇，同時對空間格局的不足進行有效的彌補。但僅止於此，還是不夠的。我們還需要運用色彩來營造內心渴求的氛圍，使居室具有美的情境和藝術的魅力，為心靈帶來撫慰和提升。本書的編寫即是依循這個想法來展開。

沒有理論的分析和總結，我們就只能是案例的俘虜和現象的奴隸。但只流於文字的理論分析，對配色設計而言，無疑也是晦澀的。為了闡釋居室配色的複雜狀況，書中特別繪製了諸多解構式插圖，對此予以條分縷析，力求複雜問題簡明化。從現代快節奏的生活經驗出發，考慮到小開本更便於攜帶和閱讀，因此改變了大開本的初衷，推出了這樣的精華版。

居室配色帶來的魅力是無窮的，涉及到的心智層面也很廣闊。既有數學式的色彩模式和色票，也有物理性的光波和反射，還有心理學層面的印象和聯想，更有文學性的敘事和抒情。書中所及只是其中的部分，期望更多朋友進入到居室色彩的領域進行熱烈探討。

希望本書能為居室空間的設計師和眾多愛家人士提供幫助。同時，在此感謝為本書精心繪製插圖的沈頻、劉良才、謝平等，是他們的努力使本書顯得更加充實。

沈毅

目 錄

Part 0　配色要點預覽

0. 1　留心觀察色彩 2

0. 2　什麼是成功配色的基礎 4

0. 3　如何避免配色的混亂 6

0. 4　配色要考慮空間的特點 8

0. 5　好的配色可以打動人心 10

0. 6　小結 12

Part 1　配色的基礎知識

1. 1　色彩的屬性 14

　　1. 1. 1　色相 16

　　1. 1. 2　明度 18

　　1. 1. 3　純度 20

　　1. 1. 4　色調 22

1. 2　四角色 26

　　1. 2. 1　主角色 28

　　1. 2. 2　配角色 30

　　1. 2. 3　背景色 32

　　1. 2. 4　點綴色 34

　　1. 2. 5　四角色與「主、副、點」.... 36

1. 3　色相型 38

　　1. 3. 1　同相型・類似型 40

　　1. 3. 2　對決型・準對決型 42

　　1. 3. 3　三角型・四角型 44

　　1. 3. 4　全相型 46

1. 4　色調型 48

1. 5　色彩數量 50

1. 6　色相和色調系統 . 52

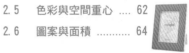

Part 2　色彩與居室環境

2. 1　色彩與空間調整 54

2. 2　自然光及氣候適應 56

2. 3　色彩與室內材質 58

2. 4　色彩與人工照明 60

2. 5　色彩與空間重心 62

2. 6　圖案與面積 64

Part 3　配色的調整

3. 1　突出主角的配色技法 66

　　3. 1. 1　提高純度 68

　　3. 1. 2　增大明度差 70

　　3. 1. 3　增強色相型 72

　　3. 1. 4　增添附加色 74

　　3. 1. 5　抑制配角或背景 76

3. 2　整體融合的配色技法 78

　　3. 2. 1　靠近色相 80

　　3. 2. 2　統一明度 82

3.2.3　靠近色調 84

3.2.4　添加類似色或同類色 86
3.2.5　重複形成融合 88
3.2.6　漸變產生穩定感 . 90
3.2.7　群化收斂混亂 92
3.2.8　統一色價 94

Part 4　空間配色印象

4.1　決定配色印象的主要因素 96
4.1.1　色調最具影響力 98
4.1.2　色相與印象聯繫緊密 ... 100
4.1.3　對比強度 102
4.1.4　面積優勢與面積比
　　　（大小差）...... 104

4.2　常見的空間配色印象 106
4.2.1　女性的空間色彩印象
　　　（Graceful）................. 108
4.2.2　男性的空間色彩印象
　　　（Chic）........................... 110
4.2.3　兒童的空間色彩印象
　　　（Enjoyable）...... 112
4.2.4　都市氣息的色彩印象
　　　（Rational）........ 114
4.2.5　自然氣息的色彩印象
　　　（Natural）................. 116

4.2.6　休閒、活力的色彩印象
　　　（Casual）................. 118
4.2.7　清新、柔和的色彩印象
　　　（Neat）................. 120
4.2.8　浪漫、甜美的色彩印象
　　　（Romantic）........... 122
4.2.9　傳統、厚重的色彩印象
　　　（Classic）........... 124
4.2.10　濃郁、華麗的色彩印象
　　　　（Brilliant）................... 126

4.3　其他色彩印象的靈感來源 ... 128
4.4　同一空間的不同色彩印象 ... 130
4.5　同一類印象中的微妙差異 ... 132
4.6　共通色和個性色 134

Part 5　空間配色綜合

5.1　空間案例中的配色基礎 1 136
5.2　空間案例中的配色基礎 2 138
5.3　四角色關係的案例解析 140
5.4　從單色展開的配色過程 142
5.5　從色彩印象開始空間配色 ... 144
5.6　如何調出雅緻的牆漆顏色 ... 146
5.7　花藝中的配色實例 147
5.8　廚房中的配色實例 ... 148

附錄　常見居室配色問題

關於本書的色票

本書中採用了大量的色票來對配色情況進行輔助說明，色票的形式大致分為以下三種。每種形式各有特點，方便在不同的閱讀階段進行思考和理解。

1. 色塊

純粹的 3 色、4 色或是 5 色塊，未加注 CMYK 色票。這類色票只需讀者用心體會，憑直覺識別色塊之間的差異，從而獲得豐富而敏銳的色彩感受力。範例如下：

2. 色塊 + CMYK 數字色票

這是平版印刷對應的 CMYK 中各色所占百分比的數值。從左到右、由上往下，是 C（青）、M（紅）、Y（黃）、K（黑）對應的百分比值。根據這些數值，讀者可在電腦中還原這些色彩。範例如下：

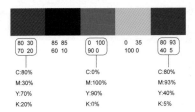

80 30 70 20	85 85 60 10	0 100 90 0	0 35 100 0	80 93 40 5

C:80%　　　　　C:0%　　　　　C:80%
M:30%　　　　　M:100%　　　　M:93%
Y:70%　　　　　Y:90%　　　　　Y:40%
K:20%　　　　　K:0%　　　　　K:5%

3. 色塊 + 色名 + CMYK 數字色票

這裡標注的數位和第二種色票形式一樣，是 CMYK 中各色所占百分比的數值。特別添加的色彩中文名稱，是對該色塊色彩的形象描述，便於讀者在這個階段對色彩的文化和魅力進行深入的體會。範例如下：

樹葉綠	象牙色	秋香綠	淺黃色	駝色
58 37	2 7	49 30	4 13	38 60
88 0	32 0	67 0	50 0	77 0

Part 0
配色要點預覽

0.1 留心觀察色彩

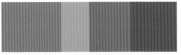

運用比較的方法觀察配色的差異

平時瀏覽配色時，會覺得每個方案好像都不錯，以至於弄不清究竟什麼才是自己真正需要的。其實靜下心來稍作觀察，便能發現配色之間的差異，尤其是對同一空間的兩個配色方案進行比較時，更是一目了然。

世界上沒有不好的色彩，只有不恰當的色彩組合。喚醒對色彩的感知能力，是提高色彩修養的第一步。這裡以華麗與樸素這兩種相反的配色印象，來說明配色差異有時候是多麼明顯。

 鮮豔的色彩顯得愉悅
暖色系中接近純色的濃重色彩，傳達出華麗、愉快的印象。

鮮豔明亮的暖色系傳遞華麗、歡快的印象

傳遞華麗、歡快印象的配色常以暖色系為中心，以接近純色的明色調和濃色調為主。濃重的組合有華麗之感，而明亮的組合則充滿歡快。相比灰暗、柔和的色彩而言，這是十分強勢的配色。

灰暗色調使人感到踏實，但顯得過於沉悶。

鮮豔、明亮的色彩有歡快之感。

 低調的色彩顯得高雅

空間採用柔和的色彩之後，整個氛圍變得素雅而平靜。

降低色彩的對比傳遞
樸素、平靜的配色印象

沒有刺激感的柔和配色，適宜用來表現樸素、平靜的印象。較低的色彩對比、色彩之間的統一，是其中的要點。

由同色系或者類似色來給空間配色，暗色調或者濁色調可強化低調的氛圍。鮮豔的色彩，應當儘量避免。

牆面和家具採用濃重而鮮豔的色調，加上抱枕上繁複的圖案，突顯空間的華麗與豐富。

牆面的暖灰色、櫥櫃的灰白色，配色低調而穩定，給人樸素、沉著的感覺。

0.2 什麼是成功配色的基礎

對色彩屬性進行調整　改變色彩的任一屬性，都會對配色印象產生重要影響。

 相近色相顯得內斂
紫紅色牆面與紫色抱枕屬於相近色相，效果顯得內斂、踏實。

 對比色相顯得精神
將大部分抱枕換成藍色色相，與牆面色相呈現對比，配色效果顯得更有活力。

遵循色彩的基本原理
是成功配色的關鍵

　　配色要遵循色彩的基本原理。符合規律的色彩能打動人心，並給人留下深刻的印象。

　　瞭解色彩的屬性，是掌握這些原理的第一步。色彩的屬性包括色相、明度

和純度。透過對色彩屬性的調整，整體配色印象也會產生改變。變更其中的某個因素，都會直接影響整體效果。

　　另外，色彩的面積比例以及色彩的數量等因素，對配色也有著重要的影響。

相似的色相配色，並且明度和純度又靠得很近，雖然穩重，但缺乏活力。

對比型的色相組合，使活力倍增，極大增強了視覺效果。

1

3

2

4

1. 清新淡雅的色彩，適合柔和、甜美的空間。
2. 健康有活力的純色，有強烈現代風格特徵。

3. 明朗的色彩雖然個性不強，但有爽快的感覺。
4. 中性色的素淨、高雅，有自然、古典的氣息。

物品的色彩選擇應
考慮到使用者的因素

　　各種室內物品的色彩選擇，應考慮到使用者的年齡和性別，並從色彩的基本原理出發，進行有針對性的選擇。

　　當色彩的選擇與感覺一致，將使人產生認同感，反之則產生隔閡，變得不受歡迎。

淡色調使人聯想起嬰兒。　　亮色調像朝氣蓬勃的年輕人。　　灰暗色調使人想起老人。

面積過大，反而不顯突出。　　突出色還是大了些。　　面積縮小後變得非常顯眼。

0.3 如何避免配色的混亂

色相靠近　色相的種類過多，雖然充滿活力，但也容易混亂。

 色相過多顯得喧鬧
色相過多，使配色顯得混亂。雖然活力四射，但卻相當混雜。

 靠近色相顯得穩定
將次要物體的色相，向主體色靠攏，使整體效果趨於穩定。

使色彩的屬性相近
配色變得穩健

前面瞭解了如何使配色充滿活力感，但有時活力過強，也會反過來破壞配色的效果，呈現混亂的局面。

將色相、明度和純度的差異縮小，彼此靠攏，就能避免出現混亂的配色效果。在配色沉悶的情況下增添活力，在混雜的情況下使其穩健，是進行配色的兩個主要方向。

每個空間的顏色都有主角和配角之分，減弱可以收斂的配角，留下要突出的主角，主題自然就鮮明起來，而不至於被混雜的配角喧賓奪主。

色相範圍過寬，產生混亂。

將藍色變為紅色系，配色立即產生整體感。

明度靠近　明度差別過大，容易引起混亂，靠近明度使配色踏實。

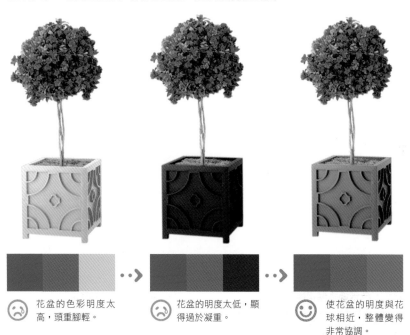

😞 花盆的色彩明度太
高，頭重腳輕。

😞 花盆的明度太低，顯
得過於凝重。

😊 使花盆的明度與花
球相近，整體變得
非常協調。

純度靠近　統一純度，增強整體感。

😞 裝飾畫框的顏色屬於低純度，與純度
較高的窗簾相比，顯得存在感薄弱。

😊 提高畫框的純度，與窗簾純度靠攏，
整體效果顯得平衡、穩健多了。

配色要考慮空間的特點

空間使用者的情況
要予以充分考慮

　　不同的空間使用者，在很大程度上決定了配色的思考方向。使用者的年齡、職業、性別等因素，使得其對空間色彩有不同的需求。雖然個性千差萬別，但這其中存在著某些共通的地方。例如，年輕人更偏向於喜歡鮮豔、活躍的色彩；中老年人則更適應低調、平和的色彩；至於嬰幼兒，那些粉嫩、可愛的色彩，才是最適合他們成長的。

　　比較這兩個用餐區的配色方案，可以明顯地發現，右側的空間更受大多數年長者的喜愛。

 鮮豔的色彩更受年輕人青睞
純色及其附近區域的色彩，非常鮮豔，富於動感，具有充沛的活力。

色彩對空間的調整

　　有的空間會存在某些缺陷，當不能從根本上進行改造時，轉而運用配色的手段來調整，將是個不錯的選擇。例如，房間過於寬敞時，可採用具有前進性的色彩來處理牆面，使空間緊湊親切。而當層高過高時，天花板可以採用略重的下沉性色彩，使高度得以調整。

純度高的暖色，具有前進性，能使寬大的空間看上去變得緊湊。

明度高的亮色以及冷色，能使空間看上去顯得非常寬敞，這一特點尤其適用於小空間。

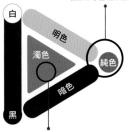

左圖中大多數的色彩位於純色色調區域。

白

明色

濁色

純色

黑

暗色

右圖中大多數的色彩位於較沉穩的濁色色調區域。

低調的色彩更受年長者喜歡
各種明濁色和暗濁色的搭配，顯出低調柔和的特點，是廣受年長者喜愛的配色。

根據空間的用途
來選擇色彩

在居室中，有不同用途的空間。客廳多用於聚會和交談，是活動性空間。

而臥室則用於休息與睡眠，具有安靜和閒適的要求。所以在色彩的選擇上，要考慮到空間的不同用途，從而做出合適的選擇和搭配。

中等明度的濁色，有沉著、安逸之感，讓人放鬆。

純度較低的冷色有促進睡眠的功效。

鮮豔的紅色具有視覺衝擊，但對臥室來說過於刺激。

0.5 好的配色可以打動人心

與印象一致的配色才能讓人產生好感

　　人對色彩的需要不是沒有目的，一定是有某種印象需要透過它來傳達。熱烈、歡快的印象，需要鮮豔的暖色組合來表達；沉靜、安穩的印象，需要柔和的冷色來表達。另外，浪漫的與厚重的、自然的與都市的、現代的與古典的，這些完全不同的印象，需要不同的色彩搭配來傳達。

　　如果配色與腦中的這些印象不一致，那麼無論配色的比例把握得多麼好，都無法讓人產生好感，而只有能讓人產生好感的配色才能打動人心。

☺ **「清爽的」色彩印象**
白色和淡藍、天藍組成的配色，對比感很弱，顯得清新、爽快。

小件物品也要注意色彩印象

明濁色調傳達出自然、溫順的感覺。

濃色調傳達出奢華、成熟的感覺。

各種印象的配色　透過色調和色相的變化，能搭配出無窮的色彩印象。

淺色調的浪漫型。　　鮮豔色調的運動型。　　濃暗色調的華麗型。

配色也存在讓人產生共鳴的語法

雖然想要準確地表現印象不是一件容易的事情，需要很強的審美能力和經驗，但這並不是沒有規律可循的。當我們看到粉紅色時，會有可愛、浪漫的感覺；看到灰色時，會有理性、現代的感覺。如果將女孩房刷成了灰色，或是將工作空間刷成了粉紅色，都會讓人覺得有欠妥當。

色彩有色相、明度和純度等屬性，這些屬性的不同狀態，都傳達著不同的色彩印象。將這些屬性尺度化，就能輕鬆用來表達我們想要的情感和印象。

☺ 「厚重的」色彩印象

暗色調傳遞出厚重的意象。地板和家具、窗簾的深茶色，強調出一種堅定、結實的感覺。

同為濁色區域色彩，紫色相有優雅之感，橙色相則顯得非常放鬆。

年齡和色調的關係　淺淡色調象徵嬰兒，灰暗色調象徵老年。

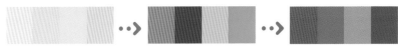

象徵嬰兒的淺淡色調。　　象徵青少年活力的鮮豔色調。　　象徵老年的灰暗柔和色調。

色相的冷暖感覺　藍色等冷色表示寒冷，橙色等暖色表示溫暖。

冷色給人涼爽的感覺。　　暖色給人溫暖的感覺。　　暖色加入對比色顯得更熱烈。

0.6 小結

Graceful
女性的、優美、雅緻

色相 -- 類似型

色調 -- 明濁調

選擇紅、橙中柔和的色調，具有華美、優雅的氣氛。

Natural
自然的、田園、放鬆

色相 -- 類似型

色調 -- 明濁調
　　　暗濁調

選擇濁色調的黃色和黃綠進行搭配，形成自然、安寧的氛圍。

Noble
高貴的、高雅、正式

色相 -- 準對決型

色調 -- 暗濁調
　　　暗色調

選擇暗沉的紫色和藍紫，具有高貴、典雅的氣質。

配色就是一系列色彩要素的選擇與組織過程

透過「配色要點預覽」部分，可以看出，空間配色就是根據空間的實際情況和色彩印象的需要，所進行的一系列色彩元素的選擇和組織。通常先要考慮空間的物理狀況和使用者的特點，同時分析空間對於色彩印象的訴求，有針對性地選擇色彩，並進行有效的組織，使得色彩各元素在滿足空間機能的同時，成功營造出夢想的空間氛圍。

根據「配色要點預覽」瞭解全書結構

「配色要點預覽」大致闡釋了全書的結構。這個結構從講述色彩的屬性和空間的色彩角色開始，然後對色彩之間的一般組織情況，如「色相型」、「色調型」等進行講解。再討論色彩與空間環境的關係，涉及到材質、光線與照明等。在「配色的調整」中，循著「突出」、「融合」兩個大方向進行講解。最後講述空間中常見的色彩印象。

Part 1
配色的基礎知識

1.1 色彩的屬性

色相

　　顏色的性質由色相、明度、純度三要素組成，稱為三屬性。而色相是第一個需要認識的屬性。右圖的色相環能夠幫助我們理解色相的衍生關係。

　　紅、黃、藍三原色位於一個正三角形的三個角，其間排列著橙、綠、紫三色，稱為三間色。橙、綠、紫位於一個倒三角形的三個角。原色再與間色相混合，又產生出六個複色。這樣形成了一個共有 12 色的色相環。從色相環上可以看出，哪些顏色互相對比，哪些顏色相互靠近。

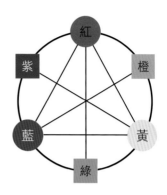

色相呈現出固定的相對位置，三原色紅、黃、藍呈三角形排列，其間排列著橙、綠、紫被稱為間色。

所有的色彩都包含在
色立體中

　　根據色彩的三個屬性進行排列就構成三維的色立體。所有的色彩都包含在色立體中，認識色立體是自由運用色彩的重要前提。可以把色立體想像成一個橘子，把橘子從中間切開來看的時候，外圓周表現的是色相的變化；把橘子豎著切開，縱軸代表的是色彩的明度變化，而橫軸代表的是色彩的鮮豔程度，也就是純度的變化。

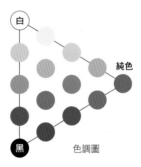

任何一個純色都可以透過混合不同的黑、白、灰的量，來形成明度和純度的變化。明度和純度結合就形成了色調。

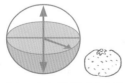

任何一個色彩都能在色立體中找到自己的位置。

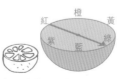

切開的外圓周所表現的是色相，這個圓環就是色相環。

越往上色彩明度越高，從中心越往外顏色純度越高。

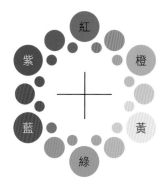

三原色與三間色相混合，產生六個複色，這樣就形成了標準的 12 色相環。依此方法，可以形成更加豐富的 24 色相環。

色相透過○環來理解，至於明度及純度，則要透過▷型色調圖來瞭解。大致可分為純色、明色、暗色、濁色等色調區域。

明度

　　色彩的明亮程度就是常說的明度。明亮的顏色明度高，暗淡的顏色明度低。明度最高的顏色是白色，明度最低的顏色是黑色。

純度

　　色彩的鮮豔程度就是純度。鮮豔的紅色加入灰色就變成了素雅的茶色。純度最高的顏色是純色，純度最低的色彩是黑、白、灰這樣的無彩色。

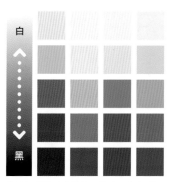

這是色彩的明度變化，越往下的色彩明度越低，越往上的明度越高。

從左至右色彩的純度逐漸降低。左側是不含雜質的純色，右側則接近灰色。

1.1.1 色相

由簡入繁掌握色相

常見的色相環有 12 色和 24 色，但從最基本的三原色紅、黃、藍開始，更容易掌握其中的規律。雖然色相眾多，但先掌握了包括三原色和三間色在內的六個基本顏色就很有用處了。

色相的型（組合）

在色相環上相對的顏色組合稱為對決型，如紅色與綠色的組合；靠近的顏色稱為類似型，如紅色與紫色或者與橙色的組合。只用相同色相的配色稱為同相型，如紅色可透過混入不同分量的白色、黑色或灰色，形成同色相、不同色調的同相型色彩搭配。

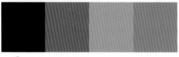

以暖色為主的配色
橙色系的地面和家具，再加上黃色系的壁紙，表達出沉穩而溫暖的感覺。

色相的基本種類

紅色
熱烈而積極

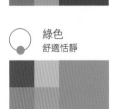

橙色
開放而有趣

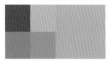

黃色
明朗而熱忱

綠色
舒適恬靜

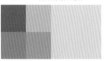

藍色
涼爽沉靜

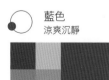

紫色
幻想優雅

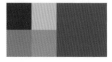

區分暖色和冷色

要立即從六個基本色中選擇一種顏色來建構色彩印象，可能會有困擾。遇到這種情況，可先確定是暖色還是冷色，在區分了這個大前提的情況下，再選出一種顏色就比較容易了。

暖色包括有紅、橙、黃等，給人溫暖、活力的感覺；冷色包括藍綠、藍、藍紫等，讓人有涼爽、冷靜的感覺。而綠色、紫色則屬於冷暖平衡的中性色。

以冷色為主的配色
牆面和家具採用了大面積的藍色，表達出冷色特有的清澈感。

色相差的效果　色相差小，給人平和、穩健的感覺；色相差大，畫面效果突出，充滿張力。

僅使用鄰近色的配色，給人平和穩健的感覺。

牆面顏色與地面、家具成對決型，空間變得緊湊。

1.1.2 明度

明度

明度是指色彩的明亮程度。在任何色彩中添加白色，其明度都會升高；添加黑色，則其明度都會降低。色彩中最亮的顏色是白色，最暗的是黑色，其間是灰色。

同樣的純色根據色相不同，明度也不盡相同。比如黃色明度很高，接近白色，而紫色的明度很低，接近黑色。

明度的效果差異

明度高的色彩，有輕快之感；明度低的色彩，有厚重之感。

在一個色彩組合中，如果色彩之間的明度差異大，可達到富有活力的效果；如果明度差異小，則能達到穩健、優雅的效果。

☺ **明度差異大的配色**
明度差異大的色彩組合，形象的清晰度高，有強烈的力度之感。

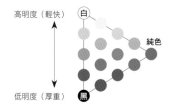

製造明暗的方法：加入黑或白，能改變色彩的明度。

明度的效果　明色歡快，暗色沉著。

純淨的感覺。

暗色帶來厚重感。

溫暖平穩的明亮顏色。

深紅色代表力量與活力。

甜美的感覺。

厚重傳統的。

不同明度的印象

高明度

高明度

低明度

低明度

明度低的物品，顯得厚重、結實；明度高的物品，則顯得平和、雅緻。

明度差異小的配色

明度差異小，清晰感減弱，表現出高雅、優質的感覺。

高明度差，顯出活力 ←——————————→ 低明度差，顯得高雅

明度差的效果　　明度差異大，顯出活力；明度差異小，顯出高雅。

明度差小，顯出高雅、優質的感覺。

明度差大，顯出活力、強勁的感覺。

1.1.3 純度

純度

色彩的鮮豔程度就是純度，兒童玩具上常見的那種鮮豔、豔麗的色彩代表「高純度」；自然界樹枝和泥土的那種樸素、淡雅的色彩代表「低純度」。

在同一色相中純度最高的鮮豔色彩稱為「純色」。隨著其他顏色的混入，色彩純度將不斷降低，色彩由鮮豔變得渾濁。純度最低的色彩是黑、白、灰。

純度的效果差異

純度高的色彩，有鮮豔之感；純度低的色彩，有素雅之感。

在色彩組合中，如果純度差異大，可達到豔麗、活潑的效果；如果純度差異小，則容易出現灰、粉、髒等感覺。

 高純度配色方案
純度高的色彩充滿活力和激情。

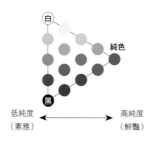

低純度
（素雅）　←→　高純度
（鮮豔）

降低純度的方法：加入黑、白、灰，或者補色。

純度的效果　高純度活潑，低純度素雅。

快活的　　　　　　有生氣的　　　　　　活躍的

樸素的　　　　　　悠然的　　　　　　倦怠的

20

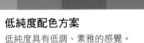

低純度配色方案

低純度具有低調、素雅的感覺。

不同純度的印象

低純度

低純度

高純度

高純度

純度越高,越容易形成強勁、有力的印象;而
純度越低,越容易形成成熟、穩重的印象。

都處於低純度,顯出穩定、平實的感覺。

提高純度對比,增加豔麗、豐富的感覺。

純度差的效果

純度差異小,穩定但缺少變化。

純度差異大,配色效果飽滿有張力。

色調

色調

色調是指色彩的濃淡、強弱程度，由明度和純度數值交叉而成。色立體的縱剖面便是色彩的色調圖。常見的色調有鮮豔的純色調、接近白色的淡色調、接近黑色的暗色調等。

色調是會影響配色效果的首要因素。色彩的印象和感覺很多情況下都是由色調決定的。

即使色相不統一，只要色調一致，畫面也能展現統一的配色效果。同樣色調的顏色組織在一起，就能產生出共通的色彩印象。下圖按照 1. 純色、2. 微濁色、3. 明色、4. 淡色、5. 明濁色、6. 暗濁色、7. 濃色、8. 暗色，再加上黑、白、灰調來進行圖示。

右圖是為了便於理解而對色調進行的簡化分區。依照這個基礎分區可以進行更具體的細分，如下圖。這樣對色調的把握將更加全面。

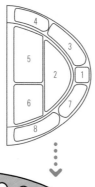

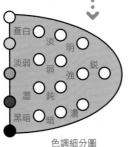

色調細分圖

淡色調

純色混入大量的白色形成的色調。原來純色的感覺被大幅消減，健康和活力的感覺變弱，適合表現柔和、甜美而浪漫的空間。

明濁色調

比較淡的顏色加上明度較高的灰色形成的色調，形成都市的倦怠感，表現優美而素淨的感覺。高品味、有內涵的的空間很適合運用這類顏色。

微濁色調

純色稍微帶點灰色形成的色調。純色健康的感覺加上穩定的灰色，可以表現出素淨的活力。自然、輕鬆的空間氛圍適用此類色調。

暗濁色調

純色加深灰色形成的色調，兼具暗色的厚重與濁色的穩定，形成沉穩和厚重的感覺。可以強調自然、樸素以及男性的感覺。

純色是加入少許白色形成的色調。因為沒有了純色的濃烈,顯得更加整潔乾淨。與濃烈和威嚴完全無緣的明色調,從裡到外都給人明朗的感覺。它是個沒有太強烈個性,適合大眾的色調。

純色調

不摻雜白色、黑色、灰色的最純粹、最鮮豔的色調。而其他色調都不同程度地在純色中加入了無彩色(黑、白、灰)。因為沒有混雜其他顏色,所以從內到外都散發著健康、積極、開放的感覺。由於純色具有強烈的刺激性,所以在居住空間中直接採用的情況並不多見。

暗色調

純色加黑色形成的色調。純色的健康感與黑色的力量感結合,形成威嚴而厚重的顏色。純色與黑色的混合,在健康中加入了內斂的力量,體現出嚴肅和莊嚴的感覺。

濃色調

純色加入少許的黑色形成的色調。健康的純色加上緊致的黑色,可以表現出很強的力量感和豪華感。與開放感很強的純色相比,此類色調更顯厚重、內斂,並顯出一些素淨感。

根據需要運用不同色調分區

要對有彩色色調區域進行概括性把握，上頁所示的 8 大色調是最為有效果的。可以簡明、迅捷地捕捉到色調的特徵。但如果想要更加細緻地瞭解色調區域的微妙變化，則 12 色調分區更加系統、完善。兩種色調分區的方法和名稱均被經常使用，可以根據需要進行選擇。

以「濁色調」區域的劃分為例，8 色調圖將其分為「微濁色」、「明濁色」、「暗濁色」3 個區域，顯得簡單明瞭。12 色調圖則更細緻地將其區分為「強調」、「弱調」、「淡弱調」、「鈍調」、「澀調」5 個區域，色調名稱也更加形象、生動，充分揭示了該色調區域的特徵。

蒼白　淡　明　淡弱　弱　強　銳　澀　鈍　濃　黑暗　暗

| 銳 | 明 | 淡 | 蒼白 | 強 | 弱 |
| 淡弱 | 澀 | 鈍 | 濃 | 暗 | 黑暗 |

銳
鮮明、活力、醒目、熱情、健康、豔麗、清晰

明
天真、單純、快樂、平和、舒適、純淨、澄清

淡
纖細、柔軟、高檔、嬰兒、純真、清淡、溫順

蒼白
輕柔、浪漫、透明、簡潔、纖細、天真、乾淨

強
熱情、強力、動感、年輕、開朗、活潑、純真

弱
雅緻、温和、朦朧、高雅、温柔、和藹、舒暢

淡弱
洗練、高雅、內涵、女性、雅緻、舒暢、素淨

澀
成熟、樸素、優雅、古樸、安靜、高檔、穩重

鈍
渾濁、田園、高雅、成熟、穩重、高檔、莊嚴

濃
高級、成熟、濃重、充實、有用、華麗、豐富

暗
堅實、成熟、安穩、結實、傳統、執著、古舊

黑暗
厚重、高級、沉穩、信賴、古樸、強力、莊嚴

1.2 四角色

色彩在空間中的角色

室內空間中的色彩，既體現為牆、地、天花板、門窗等介面的色彩，還包括家具、窗簾以及各種飾品的色彩。這些色彩就像小説、電影中的情形一樣，具有各種角色身分。當顏色的角色被正確把握，有利於我們在配色時進行有效的色彩組織。最基本的色彩角色有4種，區分好它們，是搭配出完美空間色彩的基礎之一。

主角色

是指室內空間中的主體物，包括大件家具、裝飾織物等構成視覺中心的物品。它是配色的中心色，搭配其他顏色通常以此為基礎。

 多角色構成配色整體
釐清空間中的色彩角色，能更有效地進行色彩的組織。

配角色

視覺重要性和體積次於主角，常用於陪襯主角，使主角更加突出。通常是體積較小的家具，如短沙發、椅子、茶几、床頭櫃等。

背景色

常指室內的牆面、地面、天花板、門窗以及地毯等大面積的介面色彩，它們是室內陳設（家具、飾品等）的背景色彩。背景色也被稱為「支配色」，是決定空間整體配色印象的重要角色。

點綴色

常指室內環境中最易於變化的小面積色彩，如壁掛、靠墊、植物花卉、擺設品等。往往採用強烈的色彩，常以對比色或高純度色彩來加以表現。

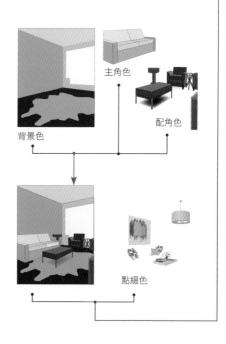

主角色

配角色

背景色

點綴色

各空間角色並不局限於單個顏色

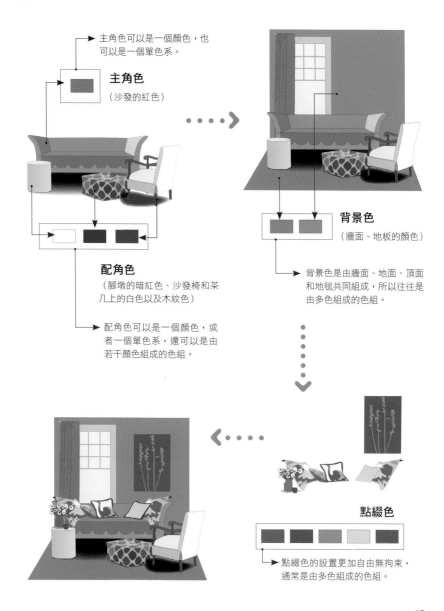

主角色可以是一個顏色，也可以是一個單色系。

主角色

（沙發的紅色）

配角色

（腳墩的暗紅色、沙發椅和茶几上的白色以及木紋色）

配角色可以是一個顏色，或者一個單色系，還可以是由若干顏色組成的色組。

背景色

（牆面、地板的顏色）

背景色是由牆面、地面、頂面和地毯共同組成，所以往往是由多色組成的色組。

點綴色

點綴色的設置更加自由無拘束，通常是由多色組成的色組。

1.2.1 主角色

主角色構成視覺中心

主角色主要是由大型家具或一些大型室內陳設、裝飾織物所形成的中等面積的色塊。它在室內空間中具有最重要的地位,通常形成空間中的視覺中心。

主角色的選擇通常有兩種方式:要產生鮮明、生動的效果,則選擇與背景色或者配角色呈對比的色彩;要整體協調、穩重,則應選擇與背景色、配角色相近的同相色或類似色。

關於要如何增強主角色的色彩分量,以及對於色感弱勢的主角色進行有效的襯托,在第三章中有詳細敘述。

✕ 很大的面積通常是空間背景色　✕ 面積過小很難成為主角　✓ 主角色通常是中等面積的色塊

☺ 主角色與背景色對比
沙發的咖色系是主角色,與背景色白色形成鮮明對比,顯得極具力量感。

主角色通常是空間的視覺中心

占有面積優勢和視覺中心地位的沙發,是空間中當之無愧的主角。

雖然作為配角的餐椅具有強勢的色彩,但仍然不能取代餐桌的視覺中心地位。

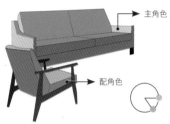

主角色與配角色的常見關係

主角色

配角色

主角色與配角色相近

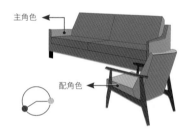

主角色

配角色

主角色與配角色對比

主角色與背景色融合

圓桌的白色是主角色，與背景色相近，形成整體協調、平和的效果。

在沒有家具和陳設的大廳或走廊，牆面色彩便是空間的主角色。

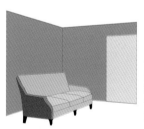

一旦有家具和陳設的存在，牆面便成為具有襯托主體作用的背景色。

配色通常從主角色開始

以主角色為基礎，然後根據整體訴求展開配色。

確定了主角色為橙色。

展開「融合型」配色。

展開「突出型」配色。

1.2.2 配角色

配角能使主角生輝

　　一套家具以及一組較大的室內陳設，通常不止一種顏色。除了具有視覺中心作用的主角色之外，還有一類陪襯主角色或與主角色互相呼應而產生的對比色。通常安排在主角色的旁邊或相關位置上，如客廳的茶几、短沙發，臥室的床頭櫃、床榻等。

　　為主角色襯以配角色，則令空間產生動感，活力倍增。配角色通常與主角色保持一定的色彩差異，既能突顯主角色，又能豐富空間的視覺效果。

　　配角色與主角色一起，被稱為空間的「基本色」。

主角色　　　　配角色（往往透過對比來突顯主角色）

主角色與配角色類似
沙發椅的深茶色，與主角餐桌的栗色是鄰近色，主角色顯得有些鬆弛。

該客廳的配角色是茶几的灰藍色。

該臥室的配角色是床頭櫃的黃綠色。

對比色突出主角　與主角色正相反的色相，則使主角色鮮明突出。

橙色的鄰近色。

擴大色相差。

藍色作為對比強調了橙色。

透過對比襯托主角色

配角色

配角色與主角色屬於相鄰色搭配,色相差小,對比稍弱。

配角色

將配角色換成主角色的對比色,加大了色相差,主角色更鮮明地被突顯出來。

主角色與配角色對比

配角色與主角色對比,空間效果變得非常緊湊,視覺感受上更加生動。

配角色的藍色雖然純度較高,但是面積被抑制,不會蓋過主角色。

配角色是藤椅的淺棕色,與主角色淺藍相比,面積處於次要地位。

要抑制配角色的面積　　配角色的面積過大,則形成壓倒主角色的感覺。

配角色面積過大,壓過主角。

抑制配角色。

1.2.3 背景色

背景色支配整體感覺

背景色是指室內空間中大塊面的表面顏色，如牆面、地板、天花板和大面積的隔斷等。

即使是同一組家具，如果背景色不同，帶給人的感覺也截然不同。背景色由於其絕對的面積優勢，實際上支配著整個空間的效果。因而以牆面色為代表的背景色，往往是家居配色首先關注的地方。

大多數情況下，空間背景色多為柔和的色調，形成易於協調的背景。如果使用鮮麗的背景色，將產生活躍、熱烈的印象。

在空間的背景色中，又以牆面的顏色對效果的影響最大，因為在視線的水準方向上，牆面的面積最大。

弱色背景顯得柔和
明亮的珍珠粉色作為背景，形成一種柔和、溫潤的氛圍。

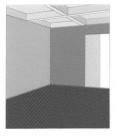

空間中的背景色通常包括牆面、地面、天花板、門窗等。

在背景色中，牆面的影響力最大，因為它是家具在水準視線上的主要背景。

弱色也具有支配性　背景色基本是弱色，也能表現很強的支配效果。

強色有絕對的支配性。　　　　　　　　　　　　　弱色同樣支配全體。

背景色選色的兩種常見方式

背景色與主角色是對比色搭配,色相差大,空間感覺緊湊有張力。

 強色背景顯得濃烈
將粉色換成鮮豔的紅色,空間氛圍頓時顯得濃烈、動感起來。

背景色與主角色屬於相鄰色搭配,色相差很小,整體感覺穩重、低調。

根據想要營造的空間氛圍來選擇背景色

自然、田園氣息的居室,背景色可選擇柔和的濁色調。

華麗、躍動的居室氛圍,背景色應選擇高純度的色彩。

背景的表現效果很強 　同樣的主體,只要背景色發生變化,整體感覺也會跟著變化。

淡色給人乾淨開放的感覺。　　純色表現出激烈的情緒。　　暗色給人豪華、幻想的印象。

1.2.4 點綴色

點綴色使空間生動

點綴色是指室內小型的、易於變化的物體顏色，如花卉、燈具、織物、植物、藝術品和其他裝飾的顏色。

點綴色通常用來打破單調的整體效果，所以如果選擇與背景色過於接近的色彩，成效就不理想。為了營造出生動的空間氛圍，點綴色應選擇較鮮豔的顏色。在少數情況下，為了特別營造低調柔和的整體氛圍，則點綴色還是可以選用與背景色接近的色彩。

在不同的空間位置上，對於點綴色而言，主角色、配角色、背景色都可能是它的背景。

😢 **點綴色過於暗淡**
出現在抱枕、花卉、書籍上的點綴色，純度過低，和整體色彩缺乏對比。配色效果顯得單調、乏味。

✕ 大面積鮮豔的色彩　　✕ 小面積不顯眼的顏色　　✓ 小面積的鮮豔色彩最有效果

點綴色的強弱，應根據氛圍來選擇

桌面花卉作為點綴色，採用的是和背景弱對比的色彩選擇，顯出清新、柔和的氣氛。

花卉的色彩純度很高，與背景產生較強的色彩對比關係，傳達出愉悅、歡快的空間氣氛。

面積不大但極具表現力

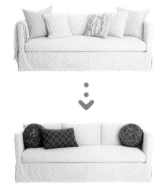

居室空間中的點綴色，雖然色彩面積不大，但具有很強的表現力。

 點綴色變得鮮豔
提升點綴色純度，配色變得生動。

居室空間中常見的點綴色形態

抱枕

花卉、綠植

裝飾畫及各類器皿

面積小效果才會好　面積越小，色彩越強，點綴色的效果才會越突出。

純紅色的面積過大，產生的是對決的感覺。　　縮小面積，達到畫龍點睛的效果。

1.2.5 四角色與「主、副、點」

角度一 「四角色」是從色彩附著物在空間中的地位來區分的。

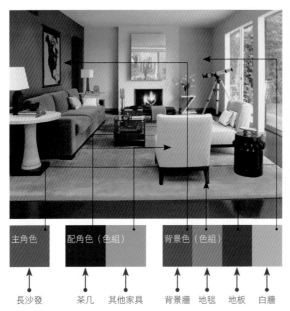

以「四角色」的角度來查看空間的配色，是從色彩附著物的「身分」來區分的。該方案中，「主角色」是占據空間視覺焦點的長沙發的灰藍色；「配角色」是茶几的木色和短沙發的灰白色；背景色則包括黃褐色系的牆面、地毯、紫色地板和白色牆面。花卉的白色、綠色、陳設品的紅色則是點綴色。

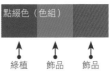

點綴色（色組）

綠植　飾品　飾品

主角色　配角色（色組）　背景色（色組）

長沙發　茶几　其他家具　背景牆　地毯　地板　白牆

查看居室配色，還要從面積的角度來進行

「四角色」的分法是從色彩的「身分」來進行區分，所以主角色往往是空間中占主要地位的家具或大型陳設。

分析居室配色時，還要從面積的角度進行另一種形式的考量。空間中占絕對面積優勢的色彩，稱為「主色」，這個字眼和「主角色」有本質區別。主色是面積最大的顏色，而主角色則是構成焦點的色彩，兩者並不一定重疊。

主角色　　　　　配角色（組）　　　　　背景色（組）

角度二 「主、副、點」則完全從面積的角度來查看空間的配色。

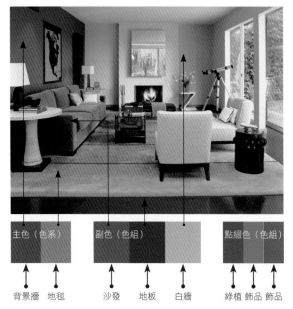

以面積大小以及程度來區分空間的色彩，可分為「主、副、點」三類。面積最大，色彩影響力最強的稱為「主色」；面積中等，影響力稍弱的稱為「副色」。點綴色的概念則和「四角色」中的「點綴色」相同。從該方案中，背景牆、地毯的黃褐色系為主色；沙發的藍色、地板的紫色為副色；點綴色則和對頁圖的分析一致。

主色（色系）		副色（色組）			點綴色（色組）		
背景牆	地毯	沙發	地板	白牆	綠植	飾品	飾品

從面積角度來劃分，空間色彩可分為「主色」、「副色」、「點綴色」。

兩種分類法，各有千秋，在不同情況下可從不同的角度出發。而兩者綜合起來，則能完整地把握空間色彩。

「四角色」直接指向各類物品，適於在實際配色時運用。「主、副、點」從面積上歸納顏色，適於從整體上對「配色印象」進行分析與把握。

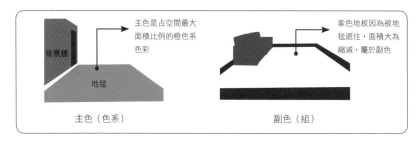

主色是占空間最大面積比例的橙色系色彩

紫色地板因為被地毯遮住，面積大為縮減，屬於副色

主色（色系）　　　　　　　　　　副色（組）

1.3　色相型

什麼是色相型

在一個居室空間中，只採用單一色相進行配色的情況非常少，通常還會加入其他色相來進行組合，這樣能夠更加豐富地傳達情感和營造氛圍。色相型簡單地說，就是什麼色相與什麼色相進行組合的問題。

在色相環上相距較遠的色相組合，對比就強，形成明快有活力的感覺；相距較近的色相組合，則形成穩定、內斂的感覺。

這裡根據色相的位置關係分成四類，分別是同相、類似型，三角、四角型，對決、準對決型，全相型。不同色相型對氛圍的影響具有很大的區別。

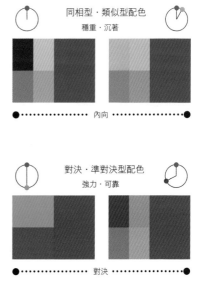

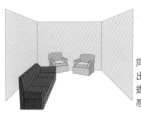

同相型體現出穩重、舒適、有慰藉感。

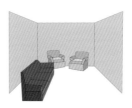

相比同相型的閉鎖，對比型配色，帶來活力與動感。

開放或者閉鎖

色調表達的是訴求力的強弱，色相型則是體現開放及閉鎖型。配色中使用的色相型根據其閉鎖和開放的程度，可以分為三大類，最閉鎖的是同相型，最開放的是全相型。而對決型則介於閉鎖與開放之間，是受制約的開放，體現出不浪費、有用處的感覺。

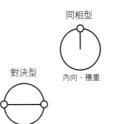

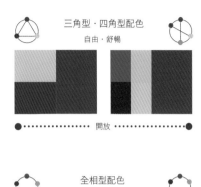

三角型・四角型配色

自由・舒暢

開放

全相型配色

開放・華麗

開放

色相型的構成

在居室空間中，面積較大的色彩有主角色、配角色、背景色這三種，它們分別是什麼色相？以及組合在一起，色相的位置關係是什麼？這些因素便決定了空間配色的色相型。也就是說，空間的色相型，主要是由以上三個角色之間的色相關係決定的。

決定色相型的時候，常以主角色為中心來確定其他色彩的色相。當然有時候，也會以背景色為基點來進行選擇。

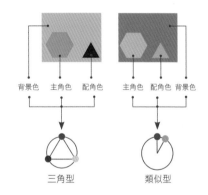

背景色　主角色　配角色　　　主角色　配角色　背景色

三角型　　　　　　類似型

三角型顯得更加自由、開放，沒有了僵硬的感覺，舒暢而又揉進了親切感。

對決型表現出堅實、不浪費的感覺，但同時有僵硬、嚴厲的缺點。

39

1.3.1 同相型・類似型

相近色相 表現穩重的同時，也可以表現閉鎖、執著的感覺。

 同相型執著
同相型在極小範圍內配色，體現出一種很強的執著感。

 對決型開放
加入藍色後，雖然更具時尚感，但內斂的氣質消失了。

同相型、類似型的區別

完全採用同一色相內的色彩進行配色的稱為同相型，用相鄰的類似色配色的稱為類似型。兩者都能產生穩重、平靜的感覺，但在印象上存在差距。

同相型限定在同一色相內配色，具

有強烈的執著感和人工性，是一種排斥外界事物的閉鎖型，帶有幻想的感覺。

類似型比同相型的色相幅度有所擴大，如果將色相分成 24 等分，4 分左右為類似型的標準。如同屬暖色或冷色範圍，則 8 分的差距也可視為類似型。

同相型　　　　類似型

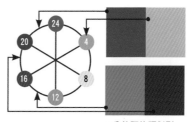

8 分差距的類似型

適當拓寬色相範圍 類似型雖然也是內向型的配色，但色相差的略微擴大使得效果趨向自然。

 類似型比同相型的色相幅度有所增長，與同相型的極端內向相比，更加自然、舒展。

同相型限定在相同色相內配色，具有強烈的執著感和人工性。

居室空間中的類似型配色

 起居室

 臥室

 餐廳

色相型對配色印象有重大影響

要體現內斂執著的感覺，使用相近的配色。

加入對比色，色彩的感覺立即變得開放起來。

1.3.2 對決型・準對決型

對決型　帶來空間的張力與緊湊感。

對決型有張力

紅色沙發與灰綠牆面形成的對決型，給人舒暢感。

如果變成類似型或者同相型，則對決的感覺就沒有了，空間視覺的緊湊感也隨之消失。雖然變得柔和、沉靜，但是類似型的封閉感使得居室的氛圍變得有些乏味。相較來説，同相型比類似型更加單調。

對決型和準對決型

　　對決型是指在色相環上處於 180 度相對位置上的色相組合，而接近正對的組合就是準對決。對決型配色的色相差大、對比度高，具有強烈的視覺衝擊，可給人留下深刻的印象。

　　在家居配色中，對決型配色能夠營造出健康、活躍、華麗的氣氛。在接近純色調狀態下的對決型，展現出充滿刺激性的豔麗印象。在家居配色中，為追求鮮明、活躍的生動氣氛，常採用對決型配色。

　　準對比型的對比效果較之對決型要緩和一些，兼有對立與平衡的感覺。

對決型　　　　準對決型

對決型

準對決型

色相環

準對決型 帶來平穩的對比，使對比與平衡共存。

 準對決型兼具兩種優點

 準對決型使緊張度降低，緊湊與平衡感共存。

 紅色的對決型是綠色，而紅與綠的對比在純色調狀態下會顯得過於刺激，換成準對決型的藍色就緩和多了。

對決型　　準對決型　　類似型

對比、緊湊 ·······▶ 兼顧對比 ◀······· 內斂、平穩
　　　　　　　與平衡

採用稍微偏離對決型的準對比色，能創造出更加豐富的視覺效果。

 配角色（沙發椅）與空間主色成準對決型，在整體平衡中產生動感。

配角色與空間主色成類似型配色，雖然平穩有餘，但略顯乏味。

1.3.3 三角型．四角型

三角型 是對決型和全相型的結合，體現出兩型的長處。

兼具動感與均衡
三角型的組合是活力強勁的搭配，具有動感的同時又有均衡的感覺。

在三角型配色中去掉黃色部分，形成紅與藍的準對決型。平穩的緊湊感中失掉了原來開放熱烈的氣氛。

如果撤掉紅色，熱烈的氛圍沒有了，只剩下藍與黃對決形成的實用感，原來活躍的氣氛完全感覺不到了。

三角型和四角型

紅、黃、藍三種顏色在色相環上組成一個正三角形，被稱為三原色組合，這種組合具有強烈的動感。如果使用三間色，則效果會溫和一些。只有三種在色相環上分布均衡的色彩才能產生這種不偏斜的平衡感。

三角型是處於對決型和全相型之間的類型，所以集兩者之長，舒暢又銳利的同時具有親切感。

將兩組補色交叉組合之後，便得到四角型配色，在醒目安定的同時又具有緊湊感。在一組補色對比產生的緊湊感上複加一組，是衝擊力最強的配色型。

三角型　　　四角型

三角型

四角型

色相環

四角型　兩組補色組合的相加，成為最強配色型。

 最強配色型

紅與綠、橙與藍兩組對決型組合，在充滿力度的同時具有安定感和緊湊感。

只有紅與綠的對決，雖然緊湊感依然強烈，但卻過於硬朗。只去掉一塊面積不大的藍色，開放感便大為減弱。

色彩集中在紅、橙區域，形成類似型配色。雖然是暖色組合，但因為色相型封閉，所以依然有寂寥的感覺。

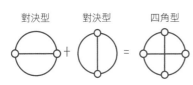

對決型　　對決型　　四角型

當抱枕這類點綴色以四角型配色組合時，立即顯現出活躍的氣氛。

三角型、四角型配色的色調效果

三角型配色的明色調效果

三角型配色的暗色調效果

四角型配色的淡色調效果

四角型配色的暗色調效果

1.3.4 全相型

什麼是全相型

全相型就是無偏重地使用全部色相進行搭配的類型，產生自然開放的感覺，表現出十足的華麗感。使用的色彩越多就越感覺自由。一般使用色彩的數量有五色的話，就被認為是全相型。

因為全相型的配色將色相環上的主要色相都網羅在內，所以達成了一種類似自然界中的豐富色相，形成充滿活力的節日氣氛。

配置全相型色彩時，要儘量使色相在色相環上的位置沒有偏斜，如果偏斜太多，就會變成對決型或類似型。

對於全相型而言，不管是什麼色調，都會充滿開放感和輕鬆的氣氛。即使是濁色調，或是與黑色組合在一起，也不會失去開放感。

全相型自由無拘束

無偏重地使用全部色相後，產生自然開放的感覺，表現出節日般的華麗。

全相型的開放與活力是其他色相型所不能比擬的。

色相有所偏重時，就不能形成節日般的熱烈氣氛。

三角型

四角型

6 色組合的全相型

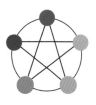

5 色組合的全相型

全色相型將色彩自由排列，表現出兒童房般喧鬧、自由、沒有束縛的感覺。

類似型配色，色相差異小，體現出寧靜、內斂的感覺，但開放熱鬧的感覺沒有了。

在居住空間中，除了兒童房外，對於抱枕這樣的點綴色，也常採用全相型配色來製造氣氛。

對於全相型而言，即使是濁色調也不會失去開放感和輕鬆的氛圍。

全相型是最開放的色彩組合形式

類似型

全相型

1.4 色調型

組合多種色調　體現豐富、華美的感覺。

相似色調有單調感
色調都處在濁色區域，顯得封閉、單調。

多色調更豐富
明色調的床品，加上原有的濁色調色面，高雅之中含有愉快的感覺。

多色調的組合

在一個空間中如果只採用一種色調的色彩，肯定讓人有單調乏味的感覺。而且單一色調的配色方式也極大限制了配色的豐富性。

通常空間主色是某一色調，副色是另一色調，而點綴色則通常採用鮮豔強烈的純色調或強色調，這樣構成了非常自然、豐富的感覺。

根據各種情感印象來塑造不同的空間氛圍，則需要多種色調的配合。每種色調有自己的特徵和優點，將這些有魅力的色調準確地整合在一起，就能傳達出想要的配色印象。

兩種色調搭配
在純色健康、強力的感覺中，加入了淡色的優雅，使純色調嘈雜、低檔的感覺被抵消了。

純色
健康但嘈雜

+

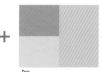
淡色
優雅但不健康

綜合兩者之長

48

精準搭配色調　根據配色印象的需要，恰當組合需要的色調。

😞 **A** 暗濁色

主角色與配角色
都是暗濁色調，
雖然厚重踏實，
但是顯得壓抑、
沉重。

主角色 ◄───　配角色 ◄───

😞 **B** 微濁色

都換成微濁色，
色彩變得有活
力，但家具與背
景色對比強烈，
不夠高雅。

😊 ▷●A + ▷●B

兼具微濁色的素雅
活力與暗濁色的厚
重沉穩。

多色調組合表現複雜、微妙的感覺

三種色調搭配

明濁色調和明色調的
加入，弱化了暗色厚
重、沉悶的感覺。

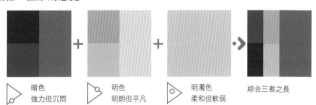

暗色
強力但沉悶　　　明色
明朗但平凡　　　明濁色
柔和但軟弱　　　綜合三者之長

三種色調搭配

厚重濃烈的暗色調，
加入淡色調和明色調
之後，豐富了明度層
級且消除了沉悶感。

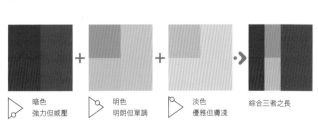

暗色
強力但威壓　　　明色
明朗但單調　　　淡色
優雅但膚淺　　　綜合三者之長

.5 色彩數量

色彩數量也影響配色效果

少數色執著、安定
色彩數量少，體現出執著、洗練的味道。暗色調有高檔的感覺。

多數色自由、開放
色彩數量多，體現出歡快、熱鬧的感覺。具有自由奔放的氣息。

色彩數量也制約著 配色的最終效果

色調、色相是配色首先要考慮的兩個重要因素，而色彩數量的問題緊隨其後，也是影響最終配色效果的基本要素。色彩數量多的空間，給人自然舒展的印象；色彩數量少的空間就會產生執著感，顯得洗練、雅緻。

色彩數量越少，執著感越強。三色以內為少數色。如果超過五色就體現出多色數型的效果。

在考慮色相型的時候，就已經涉及色彩數量的問題。越閉鎖的色相型色數越少，反之越開放則色數越多。

少數色型

多數色型

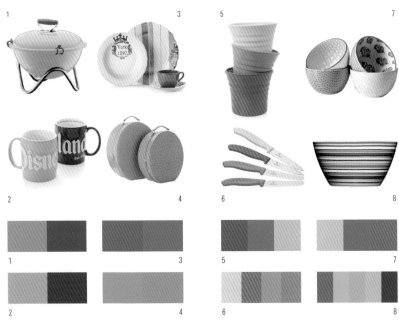

少色數是指控制在三色之內的配色，其中以雙色配色為最常見。如果是對比型配色，就在實用性上帶有開放的感覺；如果是類似型的組合，就形成了平和、實用的感覺。

三色和四色配色是介於少色數以及多色數之間的配色，相比較雙色配色而言，在增強了開放感後，實用性也逐漸減弱。五色以上的配色，就形成完全自由的感覺，遠離了實用性、都市味的感覺。

根據配色印象進行色彩數量的設置

😊 色彩的數量沒有限制，呈現出自由開放、毫無拘束的節日氣氛。

😞 還是以鮮豔的暖色為主，但由於色彩數量的減少，氛圍變得冷清了。

1.6 色相和色調系統

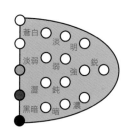

帶 CMYK 和 RGB 色票的常用色

本色彩系統列出了 72 個有彩色，以色相（橫向）和色調（豎向）的順序進行排列區分。

	紅	橙	黃	綠	藍	紫
銳	0-100-70-0 230-0-57	8-75-85-0 224-96-45	0-10-100-0 255-225-0	80-0-100-0 0-167-60	100-80-0-0 0-64-152	70-100-10-0 108-27-126
強	20-95-70-0 201-41-63	20-70-90-0 205-104-42	20-20-95-0 215-195-6	85-15-85-0 0-150-84	91-65-15-0 4-88-152	70-80-15-0 104-71-139
明	0-80-50-0 234-84-93	0-70-70-0 237-110-70	0-5-80-0 225-235-63	80-0-70-0 0-170-114	80-40-0-0 24-127-196	35-60-0-0 176-119-176
淡	0-55-30-0 240-145-146	0-50-40-0 242-155-135	0-5-50-0 255-240-150	50-0-50-0 136-200-151	60-20-5-0 103-170-215	30-50-0-0 186-141-190
蒼白	0-30-10-0 247-199-206	0-30-20-0 248-198-189	0-0-30-0 255-251-198	20-0-20-0 213-234-216	30-10-0-0 186-212-239	20-20-0-0 210-204-230
淡弱	19-35-16-0 211-177-189	10-30-20-10 215-179-177	19-25-35-0 214-193-166	41-17-30-0 163-189-180	45-27-16-0 152-172-194	36-35-15-0 175-166-188
弱	40-70-50-0 168-98-104	30-70-60-0 187-101-90	40-40-70-0 170-150-92	65-30-70-0 103-148-100	90-60-30-0 4-96-139	67-76-24-0 109-79-133
澀	51-62-45-0 145-108-111	49-53-45-0 148-125-125	30-30-40-30 149-139-120	60-20-40-30 85-133-125	80-65-45-3 69-91-115	72-72-45-5 94-81-108
鈍	42-89-91-7 148-58-45	40-59-86-1 169-117-58	38-38-82-0 175-153-70	81-44-86-5 51-116-72	92-82-36-2 39-66-115	65-90-42-4 114-54-100
濃	41-100-71-4 161-29-63	39-92-100-4 166-52-36	36-40-100-0 179-151-24	80-25-75-10 58-105-81	100-60-30-0 0-93-139	70-90-30-0 107-55-115
暗	55-78-67-16 123-70-71	50-72-80-12 137-83-60	57-51-100-5 128-118-43	79-46-81-6 62-114-77	94-69-47-8 0-79-107	71-75-49-8 96-76-100
黑暗	71-70-66-26 82-72-71	70-60-45-50 58-62-75	68-59-77-17 94-94-69	75-45-60-45 46-81-72	66-71-64-21 97-75-75	79-71-61-25 64-69-77

Part 2

色彩與居室環境

2.1 色彩與空間調整

色彩能調整空間的大小和高矮

即便是同一房間，哪怕僅僅只是改變了裝修材質或者窗簾、家具的顏色，也可以讓其顯得更加寬敞或狹小。在顏色中，有看起來膨脹的顏色，也有看起來收縮的顏色，還有看起來顯得厚重或者輕快的顏色。

雖然大部分居室尺度較適中，但也有顯得狹小的，也有顯得空曠的；有的層高太高，有的層高則又太低。

利用顏色的上述特點，就能從視覺上對空間的大小、高矮進行調整。

暖色 － 前進

純度高 － 前進

明度低 － 前進

冷色 － 後退

純度低 － 後退

明度高 － 後退

深色 － 下沉

淺色 － 上升

暖色膨脹

沙發採用的是鮮豔的暖色，有膨脹感，空間顯得緊湊。

暖色 － 膨脹　　純度高 － 膨脹　　明度高 － 膨脹

冷色 － 收縮　　純度低 － 收縮　　明度低 － 收縮

牆面採用純度較高的色彩時，色彩的前進感使空間顯得緊湊。

將牆面色彩純度降低，色彩的後退感使空間感覺變得開闊些。

冷色收縮
同一空間,沙發換成冷色,有收縮感,房間顯得寬敞些。

膨脹色和收縮色

　　純度高、明度高、暖色相皆屬於膨脹色;反之,純度低、明度低、冷色相皆屬於收縮色。空間較寬敞時,家具和陳設可採用膨脹色,使空間有充實感;空間較狹窄時,家具和陳設可採用收縮色,使空間有較寬敞的感覺。

空間較寬敞時,家具和陳設可採用明度較高的膨脹色,使空間有充實感。

空間較狹窄時,家具和陳設採用收縮色,增加空間的寬敞感。

前進色和

　　純度高、明度低、暖色相看上去有向前的感覺,被稱為前進色,反之,純度低、明度高、冷色相被稱為後退色。如果空間空曠,可採用前進色處理牆面;如果空間狹窄,可採用後退色處理牆面。

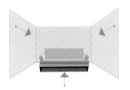

採用高明度色彩塗飾遠端牆面,感覺房間深度增加了。

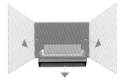

將淺色換成低明度且純度較高的色彩,房間深度被極大地縮小了。

重色和輕色

　　深色給人有下墜感,淺色則給人上升感。同純度同明度的情況之下,暖色較輕,冷色較重。空間過高時,天花板可採用重色,地板採用輕色;空間較低時,天花板採用輕色,地板採用重色。

空間過高時,天花板可採用重色,地板採用輕色。這樣感覺層高降低了。

層高較低時,天花板採用輕色,地板採用重色。這樣能從視覺上增加高度。

自然光及氣候適應

光照與氣候也是家居配色的考慮因素之一

 暖色適於朝北房間
朝北的房間或者是寒冷地帶以及冬季，可採用暖色增加空間的溫暖感。

冷色適於朝西房間
冷色調有涼爽輕快的感覺，適於朝向西面或者炎熱地帶的居室空間。

居室色彩與自然光照

不同朝向的房間，會有不同的自然光照情況。可利用色彩的反射率使光照情況得到適當的改善。

朝東房間，上下午的光線變化較大，與光照相對的牆面宜採用吸光率高的色彩，而背光牆則採用反射率高的顏色。

朝西房間光照變化更強，其色彩策略與東面房間相同，另外可採用冷色配色來應對下午過強的日照。

北面房間常顯得陰暗，可採用明度較高的暖色。南面房間曝光較為明亮，以採用中性色或冷色相為宜。

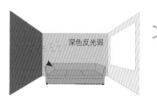
在朝東的房間內，與光照方向相對的牆面宜採用明度較低的色彩，增加吸光率。

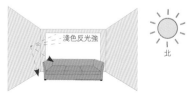
北面房間常顯得陰暗，可採用明度較高的暖色，使房間光線趨於明快。

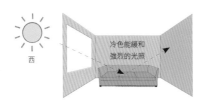

在朝西的房間內，與下午光照方向相對的牆面，可採
用吸光率高的暖色或冷色配色，來應對過強的日照。

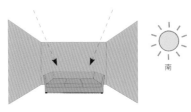

南面房間曝光較為明亮，以採用中性色或冷色相為
宜。這樣能使室內光照水準處於令人舒適的狀態。

居室色彩與氣候適應

四季的自然光照以及溫度有較大變
化，室內色彩應進行相應調整。溫帶與
寒帶地區的居室色彩應有不同的策略，
才能最大程度地提高居住的舒適度。

原則上，溫暖地帶的室內色彩應以
冷色為主，適宜較高明度和偏低的純度；
寒冷地帶的居室色彩應以暖色為主，宜

用明度略低、純度略高的色調。

為了適應季節的變化，並不需要改
變整個居室的冷、暖色調，只需要對家
具或陳設進行色彩調整。例如炎熱的夏
季採用冷色的沙發、床品、抱枕、窗簾
等，而寒冷的冬季則採用熱烈的暖色系
來為居室加溫。

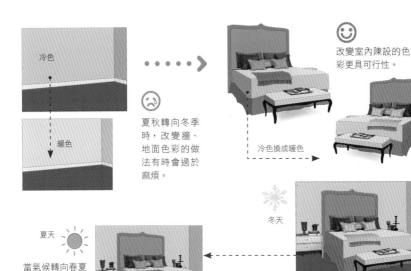

冷色

暖色

😞 夏秋轉向冬季
時，改變牆、
地面色彩的做
法有時會過於
麻煩。

😊 改變室內陳設的色
彩更具可行性。

冷色換成暖色

冬天

夏天 當氣候轉向春夏
之際，又可以將
陳設的顏色換回
冷色系。

還是原來的牆、地面，陳設色彩
的變化，使空間的感覺變得溫暖
起來了。

2.3 色彩與室內材質

自然材質與人工材質

色彩不能憑空存在，一定是附著於具體的物質上而被視覺感知到。在居室環境中，豐富的材質世界，對色彩的感覺產生或明或暗的影響。

室內常用的材質一般分為自然材質和人工材質兩部分。自然材質的色彩細緻、豐富，多數具有樸素淡雅的格調，但缺乏較豔麗的色彩。人工材質的色彩雖然較單薄浮淺，但可選色彩的範圍較廣，無論素雅或鮮豔，均可得到滿足。一般居室配色多採用兩者結合的辦法來取得豐富的效果。

淡雅的自然材質　　　鮮豔的人工材質

 兩類材質相結合
空間中以自然材質為主，有石材、木材、亞麻、羊毛等，色彩沉著素雅，與右下角鮮豔的人工染色的沙發椅相結合，兼具了兩類材質的色彩優點。

暖質材質和冷質材質

玻璃、金屬等給人冰冷的感覺，被稱為冷質材質；而織物、皮草等因其保溫的效果，被認為是暖質材質。木材、藤材的感覺較中性，介於冷暖之間。

當暖色附著在冷質材質時，暖色的感覺減弱；反之，冷色附著在暖質材質時，冷色的感覺也會減弱。因此同是紅色，玻璃杯比陶罐要冷；同是藍色，布料比塑膠要顯得溫暖。

織物、木材、藤材等暖質和中性材質所構成的空間，即便色調偏冷，也絲毫沒有寒冷的感覺。

光亮的瓷磚、透明的玻璃和亮光的油漆，冷質材質使得白色調的衛浴間有無比清爽的感覺。

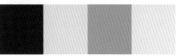

同是白色材質的有牆漆、牆磚、陶瓷、織物等，這些材質有著不同的光滑和粗糙度，這種差異使得白色產生了微妙的色彩變化。

光滑度差異帶來色彩變化

室內材質的表面存在著不同的光滑與粗糙的程度，這些差異會使色彩產生微妙的變化。以白色為例，光滑的表面會提高其明度，而粗糙的表面會降低其明度。同一種石材，拋光後的色彩表現明確，而燒毛的色彩則變得含糊。

當多種同色材質並放在一起時，也會從視覺上讓人感覺到色彩似乎存在著細微的差異。材質與色彩的這種相互影響力，常被設計師加以巧妙運用。

冷質材質
橙色偏冷

暖質材質
橙色更暖

同一色相不同冷暖質感的物品，雖然色彩相近，但還是給人微妙的冷暖差異。

粗糙的表面

都是不銹鋼材質，因為表面更加光滑的緣故，前面的首飾盒顯得明度更高，更具冷感。

光滑的表面

2.4 色彩與人工照明

色溫影響居室色彩氛圍

居室空間中的人工照明，一般以白熾燈和螢光燈兩種光源為主。白熾燈的色溫較低，而低色溫的光源偏黃，有穩重溫暖的感覺；螢光燈的色溫較高，高色溫的光源偏藍，有清新爽快的感覺。

在書房和廚房等用眼作業的地方，應採用明亮的螢光燈；在追求融洽家庭氛圍的客廳可採用溫暖感的白熾燈。而在需要身心放鬆的臥室，白熾燈柔和的黃色光線，讓人心情寧靜，又能增進褪黑激素的分泌，具有促進睡眠的作用。

色溫		動態
晴朗的天空	12,000K	
多雲的天空	7,000K	日光色的螢光燈
	6,500K	
平均正午的太陽光	5,300K	白晝色的螢光燈
	5,000K	
滿月	4,200K / 4,000K	普通白熾燈
	3,500K	
	3,000K	
日出或日落	2,800K	
	2,000K / 1,900K	蠟燭
單位：K（開爾文）		舒緩放鬆

色溫
單位用 K（開爾文）表示。越是偏暖色的光，色溫就越低，越可營造柔和、溫馨的氛圍；越是偏冷色的光，色溫就越高，越可傳達出清爽、明亮的感覺。

表達清爽感用高色溫

表達溫暖感用低色溫

光源的亮度要與材質的反射率相結合

裝飾材質的明度越高，越容易反射光線；明度越低，則越是吸收光線。因此在同樣照度的光源下，不同的配色方案之間，空間亮度仍具差異。

如果房間的牆、天花板採用較深的顏色，那麼要選擇照度較高的光源，才能保證空間達到明亮的程度。對於壁燈和射燈而言，如果所照射的牆面或天花板是明度中等的顏色，那反射的光線比照射在高明度的白牆上要柔和得多。

即使是同樣的光照環境，淺色牆面的空間整體亮度也要高得多。

照亮整個房間

空間沒有暗角，能營造出溫馨舒適的氛圍。

照亮地面和牆面

頂面顯得昏暗，視覺中心向下，打造沉穩的氛圍。

照亮頂面和牆面

令頂部以及橫向空間擴展，營造出寬敞感。

只照亮牆面

橫向空間得到擴張，營造出畫廊般的展示風格。

只照亮地面

營造出特別的氛圍，有類似舞台效果的感覺。

只照亮頂面

房間的層高感覺被提升了，顯示出開闊的空間。

照射面的差異會改變房間的氛圍

照明的光線不論是投向於頂面還是牆面，或者是集中往下照射地面，這些不同的設置會影響到房間的氛圍。光線照射的地方，材質表面色彩的明亮度會大幅增加，正是基於這個原因，被照射的表面在空間上有明顯擴展的感覺。

將房間全部照亮，能營造出溫馨的氛圍；如果主要照射牆面和地面，則給人沉穩踏實的感覺。對於層高較低，面積又較小的房間，可以在頂部和牆面打光，這樣空間會有增高和變寬的感覺。

室內常用裝修材質的反射率	
材質	反射率（%）
白牆	60～80
紅磚	10～30
水泥	25～40
白木	50～60
白布	50～70
黑布	2～3
中性色漆面	40～60

 採用螢光燈，因其色溫較高，形成了偏冷的居室環境。

 同一個空間，採用低色溫的白熾燈照明，室內色調明顯偏暖。

2.5 色彩與空間重心

低重心與高重心

高重心具有動感
地面和家具均是高明度的色彩，而牆面低明度的深藍色具有厚重的分量感。這種上重下輕的配色，使空間具有動感。

低重心安定穩重
牆面、頂面的奶白色與地面、餐桌深暗的巧克力色搭配，形成上輕下重的配比，空間重心居下，顯得穩重。

明度決定輕重感

明度較低的色彩具有更大的重量感，它分布的位置決定了空間的重心。深色放置在上方，整體產生動感；深色放置在下方，給人穩定平靜的感覺。

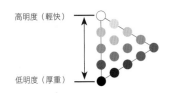

高明度（輕快）

低明度（厚重）

深色位於下方，顯得穩重安定。

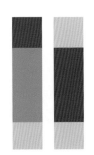

深色位於上方，顯得動感活潑。

深色地面

只有地面是深色時，重心居下，有穩定感。

深色頂面

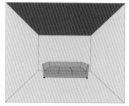

頂面深色，重心很高，層高好像被降低，動感強烈。

深色牆面

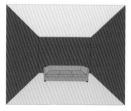

牆面深色，重心居上，具有向下的力量，空間產生動感。

深色家具

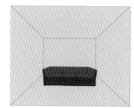

即便背景色都是淺色，只要家具是深色的，重心依然居下。

重心高低帶來的差異　　相近的配色印象，因為深色位置的差異而感覺不同。

☺ 同樣是具有男性氣質的空間配色，該方案的高重心，在內斂之中具有動感。

☺ 該方案也是具有紳士印象的配色，深色分布在家具上，重心居下，有自在而穩健的感覺。

2.6 圖案與面積

圖案大小影響空間感受

如同前進色和後退色，壁紙、窗簾、地毯的花紋圖案，也會從視覺上影響房間的大小。

大花紋顯得有壓迫感，讓人覺得房間狹小；小花紋相比之下，有後退感，視覺上更具縱深，房間感覺開闊。

橫條紋讓房間顯得更寬敞，豎條紋則能增加房間的高度感。

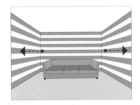

橫向條紋有水準擴充的感覺，房間顯得開闊，但層高則變得低矮。

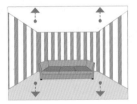

豎條紋強調垂直方向的趨勢，使層高增加，但房間會顯得狹小。

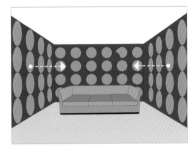

大花紋圖案的壁紙或窗簾，有前進感，讓人感覺房間狹小。

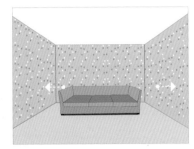

明亮的小圖案壁紙和窗簾，相比大圖案而言，能使空間顯得更加開闊。

面積對色彩的影響

同樣的顏色，隨著面積的增大，其顏色的效果也會被誇大。面積越大，明亮的顏色會更明亮、鮮豔；深暗的顏色會更加黯淡。其中，明亮感增強的效果尤為明顯。

我們一般是透過小色卡來選色，這樣在居室中大面積粉刷之後，色彩會有視覺上的差異。關於這個問題，可根據以上規律做出預先的判斷。

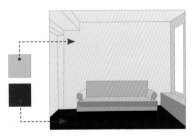

明亮的牆漆粉刷之後，感覺比色卡上明度更高；深色的地板則比小塊樣板更加暗沉。

Part 3
配色的調整

3.1 突出主角的配色技法

明確主角讓人安心

在空間配色中,主角被明確,就能夠讓人產生安心的感覺。主角往往需要被恰當地突顯,在視覺上才能形成焦點。

如果主角的存在感很弱,就會讓人心情不安,配色整體也缺乏穩定感。

主角的存在有強勢,也有低調的,即使是後者也可透過相應的配色技法,來使其得到很好的強化與突顯。

突出主角的技法有兩類。一類是直接增強主角;另一類是在主角色較弱勢的情況下,透過添加襯托色或削弱其他色等方法,來確保主角的相對優勢。

直接強調主角	間接強調主角
1. 提高純度	4. 增加襯托色
2. 增大明度差	5. 抑制配角或背景
3. 增強色相型	

 強勢主角的安定感明顯

讓人一眼就能注意到寶藍色的沙發,這是因為該主角的色彩具有足夠的強度。旁邊的沙發椅、茶几,甚至地毯都全部以主角為核心來進行搭配,傳達出精緻又灑脫的氛圍。

直接強調主角的方法最有效

高純度的紅色,使床這個臥室中的主角,在視覺上具有明確的中心性。

透過增大與配角色梅紅的色相差,灰藍色的長沙發突出了其主角地位。

襯托色能增強主角地位

主角的色調非常柔和雅緻，但存在感很弱，讓人有乏力的感覺。

為主角添加襯托色，效果立刻鮮活起來。既保持了主角的高雅，又讓人有安定感。

弱勢主角可透過附加色來增強

主角雖然不強勢，但它的大面積，以及放置其上的鮮豔織物，使得視線被引導到這個低調的白色椅榻上來。

空間主角

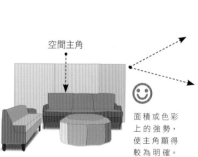

兩個沙發在面積上差異很小，主次含糊不清。

面積或色彩上的強勢，使主角顯得較為明確。

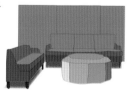

與背景和配角的色彩過於靠近，主角被淹沒。

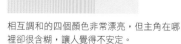

相互調和的四個顏色非常漂亮，但主角在哪裡卻很含糊，讓人覺得不安定。

將粉紅純度提高，變成鮮豔的色調，主角色達到了適當的強度，看起來就有了明確的感覺。

3.1.1 提高純度

提高純度能直接明確主角的強勢感

 主角模糊，效果暗淡
主角存在感很弱，空間氛圍顯得寂寥，給人不安的感覺。

 突出的主角讓人心情舒暢
主角採用鮮豔的藍色，引人注目，形成空間的視覺中心，讓人有安穩舒暢的感覺。

　純度差

 純度高
明確醒目

 純度低
模糊曖昧

提高純度最為有效

要使主角變得明確，提高純度是最有效果的。純度也就是鮮豔度。當主角變得鮮豔起來，自然很強勢。主角栩栩如生，也讓整體更加安定。

怎樣提高純度

將色調圖中靠左的色彩換成靠右的色彩，便能提高純度。從色調圖中能看出，越往右純度越高。純度最高的是純色。黑、白、灰是沒有純度的顏色。

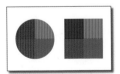

鮮豔程度相同，分不清主角是誰。

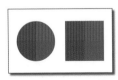

鮮豔程度相近，主角模糊不清。

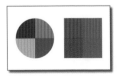

提高圓形的純度，明確其主角身分。

透過與其他色塊的對比來明確主角的強度

主角

😊 **主角色的強勢能聚攏視線**
餐廳的中心是餐桌,在周邊色塊也較鮮豔的情況下,餐桌的鮮豔度要保持強勢,才能使視線得以匯聚。

😞 **配角壓倒主角讓人不安**
主角色處於低純度狀態,周邊的藤椅以及鮮豔的紅色坐墊都蓋過了主角的強度,讓人有不安的感覺。

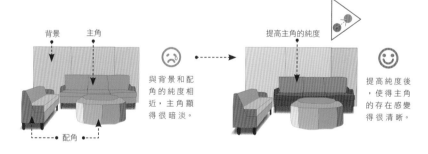

背景　主角

😞 與背景和配角的純度相近,主角顯得很暗淡。

配角

提高主角的純度

😊 提高純度後,使得主角的存在感變得很清晰。

整體的色調都處於明濁色調的區域,主角沒有被突顯出來。

提高純度是最有效的方法,使主角立即變得強勢起來。

3.1.2 增大明度差

增強明度差可以明確主角

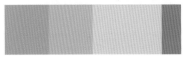

明度差小，主角存在感弱
床品的顏色與周邊色彩的明度差異
很小，使得床這個臥室中的主角存
在感很弱。

明度差增大，主角被突顯
降低床品的明度，床與周邊色塊的
明度差增大，主角地位突顯。

什麼是明度差

明度就是明暗程度，明度最高的是
白色，明度最低的是黑色。任何顏色都
有相應的明度值，在色調圖上越往上的
色彩明度越高，反之則越低。

明度差大
引人注目

明度差小
模糊不清

怎樣增大明度差

將兩個顏色在色調圖上的上下距
離增大，明度差也就相應增加了。

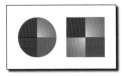
明度差散亂，主角難於辨識。

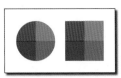
明度差相近，主角模糊不清。

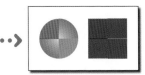
明度差明確，主角一目了然。

無彩色與有彩色的明度對比

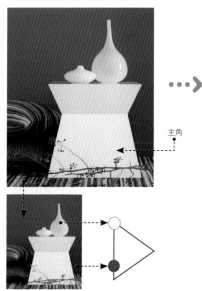

主角

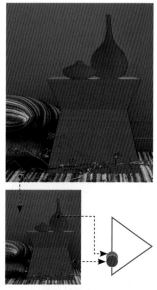

☺ **主角與背景明度差異大**
背景藍色的明度較低，這可從對應的黑白圖中看得很清楚。當主角色是白色時，對比自然非常明顯。

☹ **主角與背景明度差異小**
主角色的明度降低之後，與背景的明度差過小，主角的明確性大為降低。

純色的明度並不相同

　　同為純色調，不同的色相，明度並不相同。例如黃色明度接近白色，紫色的明度靠近黑色。

純色調的黃色明度8級，接近白色。

9	
8	純色調的紫色明度4級，靠近黑色。
7	
6	
5	
4	
3	
2	
1	

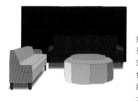

☹ 如果在深色背景前搭配純色家具，要注意色相的明度層級，避免明度太接近。

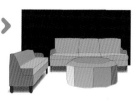

☺ 明度較高的純色，在深色背景前顯得很突出。主角十分明確。

71

3.1.3 增強色相型

同樣色調的顏色，加大色相差就能增強對比

色相差小，溫和平淡
作為主角色的床體和背景色採用的是類似型配色，色相差小，整體效果內斂、低調。

色相差大，健康爽朗
不改變背景色的色調，僅將色相差拉大。這樣與主角色形成對決，空間有健康、強力的感覺。

　　弱　　　　　強　　　　　最強

什麼是色相型

　　參考第 38 頁的 4 大類 7 種色相型，這些色相型在對比效果上有著明顯的強弱之分。對比效果最弱的是同相型，最強的是全相型。

怎樣增強色相型

　　將兩色在色相環上的色相角度差增大，便能增強色相型。

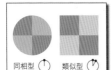
同相型 　 類似型

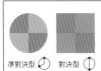
準對決型 　 對決型

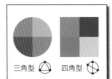
三角型 　 四角型

全相型

色相型的增強不僅突顯主角，而且改變配色氛圍

主角 →

色相型使氣氛完全改變
類似型配色的色相差太小，
既沒有突出主角的存在，又
使得氣氛變得十分冷清。

以主角為中心演繹歡快氣氛
前景中的主角，與配角形成四角型
配色，既突顯了自己的特點，又形
成開放、歡快的氣氛。

背景　主角

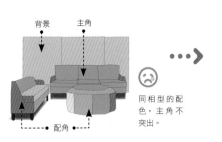

配角

同相型的配
色，主角不
突出。

增大主角色與周邊
色塊的色相差

增強色相型
至對決型，
主角變得積
極而強勢。

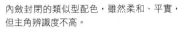

內斂封閉的類似型配色，雖然柔和、平實，
但主角辨識度不高。

增強主角與其他角色之間的色相型，主角被
明確，很容易辨識。

3.1.4 增添附加色

附加色不僅能增強主角，還讓整體變得更華美

附加色
越是華麗越能發揮襯托的作用。

 華麗的襯托色，使主角煥發光彩
為低調的主角添加附加色，就將視線都吸引到主角上面來了。這樣既增強了主角的勢頭，又使整體更有深度和立體感。

樸素的主角
很多時候主角是低調、雅緻的，需要添加附加色來襯托。

什麼是附加色

　　當主角比較樸素時，可透過在其附近裝點鮮豔的色彩來讓主角變得強勢。這個能為主角增添光彩的添加色，就是附加色。常用點綴色來充當附加色。

　　對於已經協調的配色，附加色的加入能使整體更加鮮明、華美。

附加色的面積要小

　　附加色的面積如果太大，就會升級成為配角色這樣的大塊色彩，從而改變空間的色相型。小面積的話，既能裝點主角，又不會破壞整體感覺。

主角
非常樸素的主角，顯得有點弱勢。

附加色
添加鮮豔度略高的附加色。

完成
主角既保持素雅，又變得強勢了。

即使面積不大也能有很好的效果

附加色 ●

主角 ●

☺ **面積很小也能發揮功效**
紅色抱枕和毛毯，雖然面積不大，
但立即使主角變得引人注目。

☹ **主角顯得很寂寥**
白色床品使得空間主角很雅
緻，但缺少應有的襯托，顯
得很冷清。

純度得到控制的附加色

鮮豔耀目的附加色

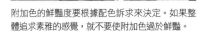

附加色的鮮豔度要根據配色訴求來決定。如果整
體追求素雅的感覺，就不要使附加色過於鮮豔。

白色調的空間原本非常平淡，添加了鮮豔的
果盤之後，形成清爽又有活力的氛圍。

3.1.5 抑制配角或背景

襯托低調柔和的主角，需要抑制其他色面

主角

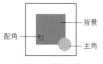

 削弱背景襯托主角
主角是白色床體，要襯托這種比較
優雅的主角，就要抑制背景色彩。

 背景色過於強勢
鮮豔的背景色使主角徹底被
壓倒，感覺讓人十分不安。

配角、背景太強勢　　抑制配角和背景
主角不清晰，讓人不安　　主角明確

為什麼要抑制其他色彩

　　雖說作為主角色通常都有一定的強
度，但並非全部都是純色這樣鮮豔的色
彩。根據色彩印象，主角採用素雅色彩
的情況也很多。這時對主角以外的色彩
稍加抑制，就能讓主角突顯出來。

怎樣抑制色彩

　　避免純色和暗色，用淡色調或淡濁
色調，就可以使色彩的強度得到抑制。

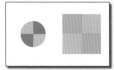

主、配角強度相同，主角
不明確。

增強配角，主角變得很不
醒目。

削弱配角色彩，主角才能
變得醒目。

抑制配角和背景，使整體保持高檔和優雅

背景過強

背景十分鮮豔，張力很大，有壓倒主角的感覺。

☺ **採用比主角更柔和的色調**

作為主角的沙發採用了柔和的色調，而配角和背景則採用了更加柔和的色調，讓主角顯得醒目，且整體顯示出高檔而優雅的感覺。

☹ **配角過強**

配角的茶几和椅子的色彩純度過高，導致視覺上的混亂。

☹ **配角與背景都很強勢**

當配角和背景都很強勢，優雅的主角被壓縮在一隅，整體追求的高檔感蕩然無存。

弱勢色調

強勢色調

降低純度，提高明度，這樣色彩就得到了抑制。

3.2 整體融合的配色技法

耀眼的配色和融合的配色

在進行配色設計的時候，在主角沒有被明確突顯出來的情況下，整個設計就會趨向融合的方向。這就是突出和融合兩種相反的配色走向。

與突出主角的主要方法一樣，我們可採用對色彩屬性（色相、純度、明度）的控制來達到融合的目的。突出型的要增強色彩對比，而融合型的則完全相反，是要削弱色彩的對比。

在融合型的配色技法中，還有諸如添加類似色、重複、漸變、群化、統一色價等行之有效的方法。

融合型配色的技法

1. 靠近色相	5. 重複形成融合
2. 統一明度	6. 漸變形成融合
3. 靠近色調	7. 群化收斂混亂
4. 添加類似色	8. 統一色價

顯眼的配色

作為主角的長沙發，其藍色的色相與配角色黃色系是對比型配色。這樣突顯出主角鮮明的存在感，具有十分醒目的配色效果。

透過靠攏色彩的屬性進行融合

採用的米色、茶色、深咖色等，屬於類似型配色。色相差小，整體趨向平和、寧靜的感覺。

冷色床品和暖色藤椅雖然是色相對比的配色，但因為明度靠近，也體現出很融合的感覺。

削弱色調差異，能增進融合

鮮豔的純色、強色調與
素雅色調之間產生強烈
的突出型效果。

削弱色調差異產生的融合感，使得
配色呈現出柔和雅緻的洗練感。

😊 融合的配色

長沙發和窗簾的色彩換成黃色系，色
面之間的對比減弱。雖然還有小塊面
積的對比作為點綴，但相較於左
圖，整體配色已經大大趨向於融合。

```
               背景
 配角          主角
```

主角色彩強勢明確
↓
突出型配色

整體色彩差異小
↓
融合型配色

色彩的漸變或重複能增進空間融合的感覺

從牆面到沙發，再到地面和茶几，色彩的明
度逐漸降低，形成重心很穩的感覺。

牆面的藍色和黃綠色，也出現在整個空間的家
具和飾品上，這種重複增加了空間的融合感。

3.2.1 靠近色相

色相差越小空間越融合

色相差越大越活潑，反之色相靠近越穩定。色彩給人感覺過於突顯和喧鬧時，可以減小色相差，使色彩彼此趨於融合，使配色更穩定。

減小色相差的效果

只使用同一色相色彩的配色稱為同相型配色，只使用相近色相的配色稱為類似型配色。

同相型的色相差幾乎為零，而類似型的色相差也極小，這些色相差小的配色能產生穩定的、溫馨的、傳統的、恬靜的效果。

大色相差
↓
強力、活潑、動感

小色相差
↓
穩定、溫馨、恬靜

顯眼的配色

中明度的濁色，營造出沉靜安詳的氛圍。但是藍色與黃色之間的色相差過大，有流於散漫、不安定的感覺。

同相型和類似型配色傳達舒適感

同相型配色是色相差最小的配色，傳達出平和內斂的感覺。

類似型配色是無對抗感且略有變化的配色，非常柔和舒適。

色相差很小的冷色系配色，為臥室帶來寧靜安逸的感覺。

色相差越小越顯得平穩

對決型體現出開放明快的效果，但缺少平穩感。

用沒有色相差的同相型配色，表現出優雅穩重的感覺。

融合的配色

使用類似型配色，營造出家庭的溫馨，尤其是傳達出餐廚空間的安逸。

背景與主角之間色相差增大，為對決型配色。視覺張力增加，具有開放感。

背景　　　　　主角

配角

背景色與主角色、配角色之間幾乎沒有色相差，空間平穩和諧，勾勒出有安全感的樂土。

略微增大背景與主角之間的色相差，成為類似型配色，平穩而帶些微活力。

3.2.2 統一明度

大明度差破壞安定感

在色相差較大的情況下，如果能使明度靠近，則配色的整體能給人安定的感覺。這是在不改變色相型、維持原有氣氛的同時，得到安定感的配色技法。

統一明度，增大色相差

明度差為零、且色相差很小的配色，容易使空間過於平穩，讓人有乏味的感覺。這時可以增大色相差，避免色彩的單調。

明度差和色相差可以結合運用。如果明度差過大，則應減小色相差，來避免因過於突顯而導致的混亂。

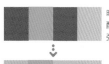

暗濁色與明色調的搭配，明度差較大，有強調的效果。

統一至明色調，零明度差，給人穩定感。

🙁 **大明度差**

牆面色彩的明度與地板、家具的明度差過大，在突顯牆面的同時喪失了柔和感。

明度統一時應增大色相差

背景與主角的明度非常相近，為了避免單調可增大色相差。

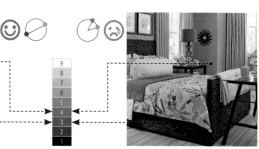

明度統一、色相差又很小，這樣的整體效果顯得過於平穩。

減小明度差整體更柔和

 明度差大，顯示力度感，但失去了柔和高雅的感覺。

 縮減明度差至零後，燈具表現出柔和、雅緻的感覺。

☺ 小明度差

縮小牆面與地面、家具之間的明度差，空間配色變得柔和穩重。

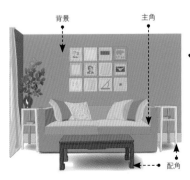

背景

主角

配角

☹ 色相差很大，明度又沒有統一，這樣的配色顯得有些混亂。

☺ 牆面與家具之間的色相差很大，如明度靠近，則整體也能產生平穩、融合的感覺。

☹ 在色相差為零的情況下，明度差沒有充分拉開，整體顯得過於沉悶、單調。

3.2.3 靠近色調

營造統一的氣氛

　　無論什麼色調，用在什麼角色上，只要用相同色調的顏色就可以形成融合的效果。同一色調的色彩具有同一類色彩感覺，組合同一色調的顏色，則相當於統一了空間的氛圍。

同色調色彩相融

　　同色調的色彩給人類似的感覺，是相容性非常好的配色，即使色相有很大差異，也能夠營造出相同的氛圍。

　　在色調靠近的情況下，雖然很容易協調，但也容易變得單調。將不同的色調進行組合，可以表現出統一中有變化的微妙感覺。

色調雜亂

茶几接近純色調的藍色，與周邊混濁的駝色系，既有色相對比，又有強烈的色調對比，感覺很不安定。

色調的融合與對比

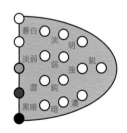

蒼白　淡　明　淡弱　弱　強　銳　澀　鈍　濃　黑暗　暗　濃

相鄰的色調搭配在一起具有融合感。反之，相距較遠的色調，會形成鮮明對比。

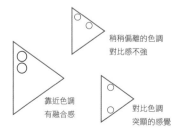

稍稍偏離的色調對比感不強

靠近色調有融合感

對比色調突顯的感覺

統一色調的效果

隨便組合各種色調，給人混亂的感覺。

靠近大部分顏色的色調，產生融合感。

色調越靠近，配色越融合。

在靠近色調的同時要避免單調

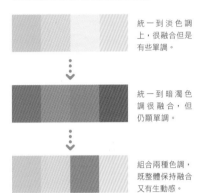

統一到淡色調上,很融合但是有些單調。

統一到暗濁色調很融合,但仍顯單調。

組合兩種色調,既整體保持融合又有生動感。

 靠近色調產生融合

將茶几的色調與周邊色塊靠近,統一至暗濁色調,感覺非常協調。

純色調、明色調、濁色調等多種色調搭配,顯得非常鬆散,給人混亂的感覺。

背景　　　　　　主角

配角

在整體色調靠近的情況下,適當改變抱枕和花瓶等點綴色的色調。色調的恰當組合,能表現出更加微妙的感覺。

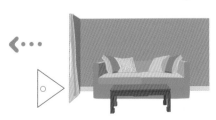

用相同色調進行統一,可以避免混亂,使得色彩感覺接近,形成融合,但有單調之感。

3.2.4 添加類似色或同類色

添加相鄰色

　　配色至少需要兩個顏色以上才能構成。加入跟前兩色中的任一色相近的顏色，就會在對比的同時增加整體感。同時還能透過添加同類色的方式繼續增進融合。灰色也能達到很好的調和作用。

　　如果選擇跟前兩色色相不同的顏色，就會強化三種顏色的對比，強調的感覺增加。

藍色與橙色的對決型配色，顯得很緊繃。

各自添加類似色，能減弱對比增加融合。

對決型的兩色過素

橙色與紫色的準對決型配色，有非常緊湊實用的感覺。但作為家居空間顯得有些單調、乏味。

增加類似色和同類色形成色彩融合

橙、藍兩色對比，非常實用而可靠的感覺。但作為居室空間，這樣的配色顯得不夠安穩。

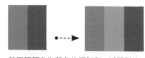

第三種顏色為藍色的類似色，減弱對比。

添加相鄰色感覺更豐富

加入紫色和橙色的類似色，配色的感覺不僅更加自然、穩定，而且也更豐富，符合家居的味道。

添加同類色

　　加入兩色的同類色，也就是同一色相不同色調的顏色，也能使整體形成調和，產生穩定的感覺。

雖然不是純色調，但色彩對比依然很強。

各自製造出色調差，對比兩色更融合了。

不管色相型的各方是什麼色相，將灰色加入其中就能調和各方，形成融合感。關鍵是灰色的明度要與其中一種顏色靠近，形成調和。

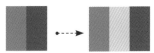

第三種顏色為橙色的類似色，同樣可以減弱對比，增加融合。

添加兩色的類似色及同類色，感覺更豐富而且穩定。

87

3.2.5 重複形成融合

色彩的重複形成關聯

 單獨出現顯得孤立
橙色僅出現在坐墊上，與空間中其他的色彩沒有呼應之處，空間缺乏整體感。

 分布於多處增進空間融合
橙色分布於空間中各個位置上，使得家具、牆面、窗簾等產生呼應，房間整體感大為增強。

透過重複獲得融合

相同色彩在不同位置上重複出現就是重複。即使出現地點不同，也能達到共鳴融合的效果。一致的色彩不僅互相呼應，也能促進整體空間的融合感。

單獨一個形成強調　　兩個形成重複

鮮豔的藍色單獨出現，是配色的主角。雖然很突出，但也顯得很孤立，缺乏整體感。

右端的藍色與主角的藍色相呼應，既保持了主角突出的地位，又增加了整體的融合感。

重複也能形成一個區域的整體感

點綴色

 沒有呼應便形成強調
沒有重複，就成為強調色，
整體感大為削弱。

 重複形成整體感
黃色餐巾雖然是點綴色，但透過重
複擺放，使餐桌區域形成整體感。

 家具與牆面的色彩對比，乾脆俐落。但
因為沒有色彩呼應，空間缺乏整體感。

 加入裝飾畫中的黃色和藍色，對牆面和家
具進行呼應，形成了更強的整體感。

 抱枕的藍色是對牆面色彩的重複與呼
應，窗簾與沙發的色彩關係也是如此，
融合的感覺增強。

3.2.6 漸變產生穩定感

漸變型配色給人感覺舒適安心

漸變的排列方式更穩定

抱枕的色相雖然很豐富,但由於按照色相的排列方式進行組合,在豐富之中給人協調、穩定的感覺。

分隔排列的方式顯出動感

一列抱枕的色彩,以色相穿插的方式組合,大膽地將不調和的色彩進行搭配,沒有漸變的那種穩定感,但形成了富有生氣的感覺。

漸變的配色感覺穩重

　　色彩逐漸變化就是漸變。有從紅到藍的色相變化,還有從暗色調到明色調的明暗變化,都是按照一定的方向來變化的。由於順序被明示出來,因此產生節奏感,給人舒適、穩重的感覺。

漸變型　　　　　　　間隔型

以間隔的方式組合,排列鬆散,但很有活力。　　按照色相順序排列後產生穩定感。

空間大色面的漸變與分隔

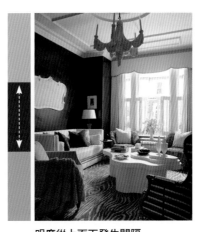

明度從上而下漸變（遞減）

從頂部到地面，色彩明度以漸變的方式
遞減。重心居下，感覺十分穩定。

明度從上而下發生間隔

深色牆面，在淺色的頂面和地面之間產
生間隔的效果，視覺上更具動感。

間隔的配色有活力

　　不按照色相、明度、純度的順序進
行色彩組合，而是將其打亂形成穿插效
果的配色，會讓漸變的穩定感減弱，形
成生氣勃勃的配色感覺。

色相和明度均以穿插的
方式分隔，追求的不是
穩定融合的感覺，而是
極富動感的配色效果。

色相分隔　　　　　　色相漸變　　　　　　明度漸變　　　　　　純度漸變

3.2.7 群化收斂混亂

什麼是群化

　　所謂群化，指的是將相鄰色面進行共通化。將色相、明度、色調等賦予共通性，製造出整齊劃一的效果。而共通化就是將色彩三屬性中的一部分進行靠攏而得到的統一感。

群化使強調與融合共存

　　只要群化一個群組，就會與其他色面形成對比；另一方面，同群組內的色彩因統一而產生融合。

　　群化使強調與融合同時發生，相互共存，形成獨特的平衡，使配色兼具豐富感和協調感。

 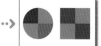

在未群化的情況下，有自由輕快的感覺，但無拘束的分布不能帶來融合感。

透過群化，將色彩分組。各組內的色彩有共通性，同時組與組之間又存在對比。

 沒有群化感覺喧鬧

雖然近乎全相型的配色能傳達出鮮豔歡快的感覺，但色彩缺乏歸納，顯得過於混亂、喧鬧。

群化體現出自由

壁紙上散布著細碎的花紋，給人自由自在的感覺。不管花紋如何鮮豔、複雜，只要透過底色進行了群化，便有統一感。

透過底色收斂

相當於背景的桌布，將色彩鮮豔的器皿群化成一組，整體看起來非常緊湊。

群化的方法

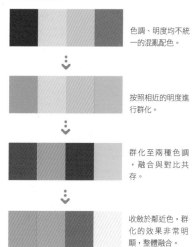

色調、明度均不統一的混亂配色。

按照相近的明度進行群化。

群化至兩種色調，融合與對比共存。

收斂於鄰近色，群化的效果非常明顯，整體融合。

只要色相、明度、色調等屬性有一項具有共通的地方，就能將它們進行統一，形成一個群體，而這就是群化。

 群化分組之後帶來融合感

雖然都是鮮豔的色彩，但透過群化分成暖色和冷色兩組，使對決中有平衡，兼顧了規整與活力。

群化產生秩序感

配色數量較多，色彩紛繁的效果使整體顯得混亂。

將家具群化為一組，統一至咖啡色系，穩定感增加。

將地面也群化至家具一組，整個空間乾淨整齊。

3.2.8 統一色價

 色價不統一感覺不穩定
沙發與牆面雖然都採用純色調的色彩,但藍綠色色價低些,感覺躁動。

 色價統一感覺整體融合
換成高色價的深藍色,與牆面暗紅色的色價統一,整體感覺更融合。

什麼是色價

色價的強弱是根據色彩的純度和重量來確定的。色彩的純度越高、重量越重,色價就越高,反之色價就越低。

基本上色調相同的顏色色價就相同,但接近純色調的色彩,不同色相之間色價存在很大區別,需要進行調整。

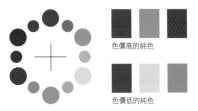

色價高的純色

色價低的純色

調整純色色價

混入色價高的色彩,或者加入黑色進行強化,就能提高色價;反之,混入色價低的色彩,或者加入白色,就能降低色價。

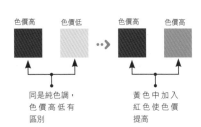

色價高　色價低　　　色價高　色價高

同是純色調,
色價高低有
區別

黃色中加入
紅色使色價
提高

色價調整實例

 由於色價不統一,色彩組合感覺非常混亂。

 藍、黃色價大幅提高,紅色色價小幅提高,感覺穩定。

Part 4
空間配色印象

4.1 決定配色印象的主要因素

與印象一致才算成功

　　無論怎麼漂亮的配色方案，如果與想要表達的印象不一致，就不能傳達正確的資訊。觀看者的印象與配色構成的畫面無法產生共鳴，則無論怎樣美的配色都失去了其價值。

幾個主要因素

　　在前面講述的內容中，已經知道有諸多因素會影響配色印象的形成，而其中最具影響力的幾個因素是色調、色相、對比強度和面積比，我們在本節對此進行綜述。

> **決定配色印象的主要因素**
>
> 1. 色調　　　　3. 對比強度
> 2. 色相　　　　4. 面積比
>
> 注：「對比強度」包含了「色相型」、「色調型」和「明度對比」的強弱程度。

以濃色調為主的配色

以床品、地毯的濃色調為主，形成了空間的整體色彩感覺。濃色調是純色加入少許黑色形成的色調，表現出很強的力量感和豪華感。

色相差異帶來完全不同的配色印象

在暖色色相為主的空間裡，展現出溫暖、華麗，精力充沛、充滿活力的感覺。

在以冷色色相為主的空間裡，可使人心情平靜，展現出精緻、有條不紊的空間感。

面積的變化可改變整個配色的印象

同樣的配色方案,如果白色為主則顯示出高品味的感覺。

如果以鮮豔的紅色作為主色,則給人熱鬧、華麗的感覺。

以鈍色調為主的配色

濃色調換成鈍色調,原來的力量感大為減弱,空間配色變得素雅起來。

對比強度影響配色印象

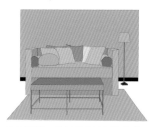

強色相對比,具有更強的活力與躍動感。

主角與背景為同相型配色,色相對比強度很小,給人平和穩重的感覺。

中等強度的色相對比,形成活潑、生動的氛圍。

4.1.1 色調最具影響力

色調左右空間氛圍

在居室空間中，大色塊因其面積優勢，其色調和色相一樣對整體具有支配性。在空間中不可能只存在一種色調，但大面積色塊的色調直接影響到空間配色印象的營造。

在進行配色時，可根據情感訴求來選擇主色的色調。比如充滿活力的兒童房和家庭活動室，可選擇純、明色調的色彩；溫馨、舒適的臥室，可選擇淡色或者明濁色調的色彩；東方風情的茶室或者老人房，可選擇暗色調的色彩。

在大色面的色調確定之後，其他色彩的色調選擇也不能忽視，它們之間的色調關係對氛圍的塑造也非常重要。

純色調顯得生氣勃勃

紅色、紫色的純色演繹出成年女性的魅力，傳達出豔麗、性感的氛圍。

1. 純　色
2. 微濁色
3. 明　色
4. 淡　色
5. 明濁色
6. 暗濁色
7. 濃　色
8. 暗　色

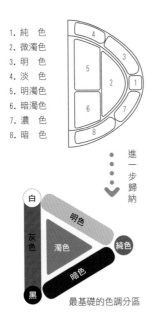

進一步歸納

最基礎的色調分區

1. 純色（健康、積極）

2. 微濁色（素淨、高級）

3. 明色（爽快、明朗）

4. 淡色（優美、纖細）

5. 明濁色（成熟、穩定）

6. 暗濁色（深奧、紳士）

7. 濃色（強力、豪華）

8. 暗色（嚴肅、厚重）

色調比色相更具影響力

明濁色調兼具明朗和素淨的感覺。

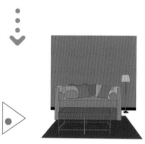

😞 暗濁色調顯得閉鎖內向
換成暗濁色之後,顯得消極、保守,
女性的魅力完全消失了。

色相完全相同,將色調轉換成暗濁色,
氣氛卻完全發生了變化。暗濁色具有
傳統和厚重的感覺。

根據空間的氛圍確定色調

在追求寧靜的起
居室中,可採用明
濁色調。

明色調體現出清
新爽快、明朗愉
悅的空間感。

暗色調顯得傳
統,也具有豪華
富貴的感覺。

4.1.2 色相與印象聯繫緊密

根據配色印象選擇色相

各種顏色都與各自特有的形象相聯繫。茶色、綠色是用來表現大自然的色彩，紅色、紫色則無論濃淡都散發著女性的氣息。

根據色彩印象的需要，從紅、橙、黃、綠、藍、紫這些基本色相中做出恰當的選擇，就朝著想要的空間配色印象邁進了一大步。

除了主色之外，空間中還會存在其他色相的副色或點綴色，它們之間色相差的大小同樣影響著色彩印象的形成。

 紅色色相熱烈而健康

紅色色相表現出其他色相不可取代的激情與強力感。

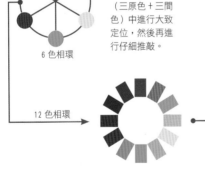

色相的選擇往往先從六個基本色（三原色＋三間色）中進行大致定位，然後再進行仔細推敲。

6 色相環

12 色相環 → 24 色相環

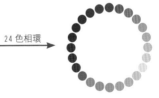

各色相的基本特徵

橙色將暖色調色彩陽光而明快、健康的感覺直接地表現出來。

黃色非常明快，是充滿開放感和愉悅感的顏色。

大色面的色相具有支配性

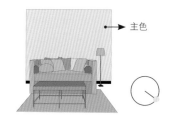

→ 主色

主色為黃色色相，對空間氛圍具有決定性的影響。

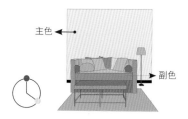

主色 ←

→ 副色

將沙發的色相換成偏離主色相的紅色，但基於主色面積的絕對優勢，主色的黃色相依然具有支配性。

 黃色顯得浮躁

換成黃色，原有的積極、強力的感覺消失了，產生軟弱、浮躁的味道。

各色相的基本特徵

綠色是表現生命的色彩，表現出生命的能量，冷靜與活力並存。

藍色是冷色的中心，非常純粹，表現出清爽、冷靜的感覺。

紫色構築出幻想且華麗的氛圍，具有優雅和女性的感覺。

4.1.3 對比強度

控制明度對比的強度

大明度差很有力度感
明度對比強的配色，顯得清晰分明
且充滿力度感。

小明度差顯得高雅
明度對比弱的配色，給人低調、高
雅的感覺。

控制好對比的強度

　　配色最少也要由兩種或兩種以上
的顏色才能構成。顏色之間的對比，包
括色相對比、明度對比、純度對比等。

　　調整對比的強度，會影響配色印象
的形成。增加對比可以表現出配色的活
力，減弱對比則給人高雅的印象。

　　要營造出飽含活力的空間，就要增
加對比強度；想要營造出平和、高雅的
氛圍，就要減弱對比強度。

對比強度與配色印象　　強度大顯得有活力，強度小顯得素雅內斂。

色相對比（強度大）　　　　　　　　　　　色相對比（強度小）

色調對比弱感覺溫和

色調對比大，感覺舒暢而乾脆。

都處於明濁色調，對比度小，顯得柔和沉靜。

都處於暗濁色調，對比度小，顯得厚重沉著。

開放與閉鎖感來自色相對比強度

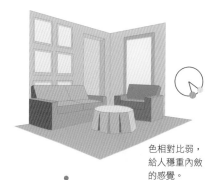

色相對比弱，給人穩重內斂的感覺。

色相對比強，體現開放大膽的感覺。

對比強度與配色印象　強度大顯得有活力，強度小顯得素雅內斂。

明度對比（強度大）

明度對比（強度小）

純度對比（強度大）

純度對比（強度小）

色調對比（強度大）

色調對比（強度小）

4.1.4 面積優勢與面積比（大小差）

具有面積優勢的色彩主導配色印象

大色面左右配色印象

空間中面積最大的色彩是牆面和沙發椅的藍色。冷色占絕對的面積優勢，整體具有清爽愜意的感覺。

轉換面積優勢印象隨之變化

將冷暖兩組色的面積比例倒轉過來，使暖色占絕對優勢。雖然仍有冷色存在，但整體配色印象充滿田園般的自然氣息，清爽感消失。

面積優勢主導配色印象

　　空間配色的各個色彩之間，通常存在著面積大小上的差別，面積大且占據絕對優勢的色彩，對空間配色印象具有支配性。

面積比也影響配色印象

　　只要有面積差異，就存在面積比。增大面積比（大小差別）可以產生動感的印象；減小面積比，則給人安定、舒適的感覺。

面積優勢與配色印象　　對具有面積優勢的色彩，需要特別斟酌。

三色均等，優勢不明顯。　　　深藍色占優勢，顯得硬朗。　　　明朗的黃色占優勢，顯得愉悦。

面積比與主角明確性要同時考慮

😞 紫紅色系與藍色系形成對比，面積差不明確，給人不安的感覺。

😊 大塊減小紫紅色系的面積，使其與藍色的面積差增大，整體產生安定且輕快的感覺。

面積差大形成強調的效果

面積差小，顯得成熟穩重。

面積差大，具有重點強調的效果，顯得鮮明銳利。

面積比的差異 　面積差小，給人安定平穩的感覺；面積差大，則給人鮮明動感的印象。

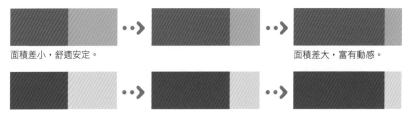

面積差小，舒適安定。　　　　　　　　　　　　　　面積差大，富有動感。

4.2 常見的空間配色印象

截然不同的空間配色印象

 休閒、躍動的配色印象
鮮豔的、光芒四射的顏色搭配在一起，給人精神飽滿和愉快的感覺。

 精緻、安靜的配色印象
與左圖的華麗不同，該空間以灰色為基調，表現出理性感，使人平靜。

色彩印象有其內在規律

對於色彩印象的感受，雖然存在個體差異，但是大部分情況下我們都具有共通的審美觀，這其中隱含的規律就形成了配色印象的基礎。

不論是哪種色彩印象，都是要透過色調、色相、色調型、色相型、色彩數量、對比強度等諸多因素綜合而成。將這些因素按照一定的規律組織起來，就能準確營造出想要的配色印象。

完全相反的配色印象　因為配色各要素的差異，組成了截然不同的配色印象。

高級的　　　　　　　　　　　　　　　　廉價的

透過色相環和色調圖來感知配色印象

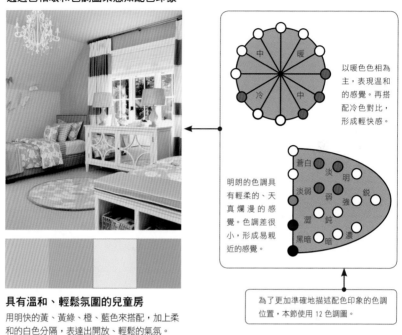

以暖色色相為主,表現溫和的感覺。再搭配冷色對比,形成輕快感。

明朗的色調具有輕柔的、天真爛漫的感覺。色調差很小,形成易親近的感覺。

為了更加準確地描述配色印象的色調位置,本節使用 12 色調圖。

具有溫和、輕鬆氛圍的兒童房

用明快的黃、黃綠、橙、藍色來搭配,加上柔和的白色分隔,表達出開放、輕鬆的氣氛。

配色印象會改變整個空間氛圍

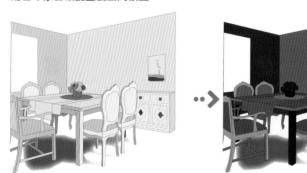

「輕盈、浪漫的」氛圍　　　　　　　「傳統、厚重的」氛圍

4.2.1 女性的空間色彩印象（Graceful）

溫暖、柔和的女性色彩

通常認為「藍色象徵男性，紅色象徵女性」，雖然有失偏頗，但還是說出了男性和女性色彩的主要特點。在表現女性色彩時，通常以紅色、粉色等暖色為主，同時色調對比弱，過渡平穩。這樣能傳達出女性溫柔、甜美的印象。

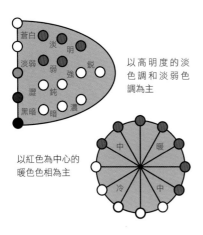

以高明度的淡色調和淡弱色調為主

以紅色為中心的暖色色相為主

 紅色、粉色是女性的代表色
以紅色為中心的暖色系，還有中性的紫色，十分有效地傳達出女性氣質。

高明度暖色顯出浪漫

以粉色、淡黃色為主的高明度配色，能展現出女性追求的甜美、浪漫的感覺。此外配上白色或適當的冷色，就會有夢幻般的感覺。

浪漫的

0　35	0　10	0　16	30　0	5　30
10　0	50　0	14　0	17　0	0　0

以粉色為主，色調反差很小，整體顯得輕盈、淡雅，演繹出女性獨有的甜美、浪漫的感覺。

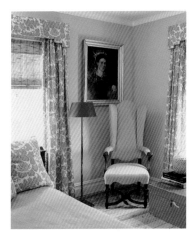

以略帶混濁感的肉粉色為中心，色相差極小，這種近似於單色系配色的暖色組合，讓人覺得溫馨浪漫，體現出成熟女性的優雅感。

暖色系淡弱色調顯得優雅

比高明度的淡色稍暗，且略帶混濁感的暖色，能體現出成年女性的優雅、高貴的印象。色彩搭配時要注意避免過強的色彩反差，保持過渡平穩。

優美的

3 23	11 38	17 21	3 11	5 20
3 0	13 2	11 2	2 0	0 0

女性般的

23 33	16 22	3 16	16 23	3 11
27 5	26 3	14 0	18 2	2 0

紫色讓人聯想到女性的魅力

紫色具有特別的效果，即使是強而有力的色調，也能創造出具有女性特點的氛圍。

即使採用的是冷色系，只要使用柔和、淡雅的色調和低對比度的配色，也能體現出女性清爽、幹練的感覺。

對比度的強弱很重要

強烈的對比，顯得很有力量感，具有鮮明的男性化特徵。

對比強度小，體現出女性特有的溫柔。

4.2.2 男性的空間色彩印象（Chic）

厚重、冷峻的男性色彩

男性特徵的色彩通常是厚重或冷峻的。厚重感的色彩能表現出強大的力量感，以暗色調和暗濁色調為主；冷峻感則表現出男性理智、高效的感覺，以冷色系或黑、灰等無彩色為主，明度、純度較低。

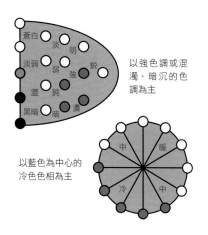

以強色調或混濁、暗沉的色調為主

以藍色為中心的冷色色相為主

 藍色、灰色是男性的代表色
藍色和黑灰等無彩色，以及厚重的暖色，具有典型的男性氣質。

藍色、灰色顯出理性

在展現理性的男性氣質時，藍色和灰色是不可缺少的色彩，與具有清潔感的白色搭配顯出幹練和力度。暗濁的藍色與深灰，則體現出高級感和穩重感。

紳士的

| 96 46 | 34 28 | 56 42 | 33 23 | 95 76 |
| 40 38 | 38 0 | 47 33 | 27 6 | 32 24 |

冷色系的理性與沉著，加上強烈的明暗對比，空間氛圍顯得嚴謹、堅實，獨具男性魅力。

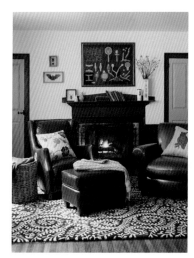

深暗強力的色調，能傳達出男性的力量感。
空間中的深茶色和深咖色，雖然是暖色系色
彩，但由於色調深暗，顯得厚重而傳統。

深暗色調顯得傳統考究

　　深暗的暖色和中性色能傳達出厚
重、堅實的印象，比如深茶和深綠色
等。而在藍、灰組合中，加入深暗的暖
色，會傳達出傳統而考究的紳士派頭。

傳統的

55 87 77 30	24 43 61 9	44 65 96 55	36 41 45 0	70　45 100 43

考究的

44 65 96 55	41 45 50 0	69 62 98 29	38 27 31 9	93 81 50 15

暖色也可以表現男性印象

透過強烈的明度或色相對比，營造出力量
感和厚重的氛圍，暖色同樣可以表現男性
氣質。

透過強烈的對比來表現富有力度的陽剛
之氣，是表現男性印象的要點之一。

色調的比較

明亮素雅的色調
能表現女性的柔
和氣息。

濃烈、暗沉的色
調表現出男性的
力量感。

111

4.2.3 兒童的空間色彩印象（Enjoyable）

歡樂、明朗的兒童色彩

兒童給人天真、活潑的感覺，而明度和純度都較高的配色，也就是明、淡色調，能營造出歡快、明朗的兒童印象。全相型則能表現出兒童調皮、活潑的特點。藍、綠色常用於表現男孩，粉色多用於表現女孩。

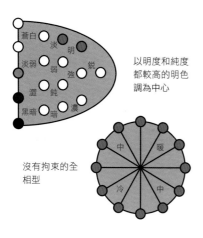

以明度和純度都較高的明色調為中心

沒有拘束的全相型

☺ 充滿活力的兒童感配色

採用豐富的色相，以明、淡色調為主，強調出面向兒童的配色印象。

淡色調適合嬰幼兒

對於嬰幼兒空間的配色，要避免強烈的刺激，使他們享受到溫柔的呵護。採用淡色調的膚色、粉紅色、黃色等暖色基調，營造出溫馨、幸福的氛圍。

呵護的

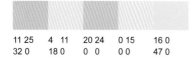

11 25	4 11	20 24	0 15	16 0
32 0	18 0	0 0	0 0	47 0

對於嬰幼兒，可採用明快的淡色調，使配色具有溫柔、呵護的感覺。

紅色、橙色、綠色、藍色等接近全相型的配色，有著開放和自由自在的感覺。而這些以明色調為主的色彩，在高純度中透出明亮的感覺，營造出活潑的兒童空間氛圍。

明色調適於少年兒童

隨著年齡的增長，少年兒童的活動能力大為加強，活潑的性格使得他們嚮往外界活動。而採用比嬰幼兒更為鮮豔強烈的色彩，對他們來説更具吸引力。

自由自在的

39 0	0 0	35 0	2 5	2 34
34 0	0 0	59 0	23 0	82 0

任性的

5 20	2 14	2 66	2 34	35 0
0 0	85 0	53 0	82 0	59 0

淺色調的粉色是女孩的代表色

淺色調的粉色體現純真柔美，搭配中性色相的綠色，盡顯小女孩氣質。

鮮亮的橙色，呈現兒童活潑好動的天性。

色調的比較

充滿混濁感的素雅配色，成人感十足。

明亮、淡雅的色調才具有兒童印象。

4.2.4 都市氣息的色彩印象（Rational）

素雅、抑制的都市色彩

　　都市的環境給人人工、刻板的印象，無彩色的灰色、黑色等與低純度的冷色搭配，能演繹出都市素雅、抑制的氛圍。如果添加茶色系色彩，能展示厚重、時尚的感覺。色彩之間以弱對比為主，色調以弱調、澀調為主。

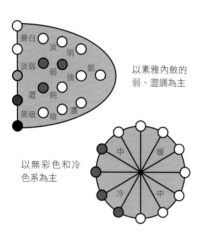

以素雅內斂的弱、澀調為主

以無彩色和冷色系為主

 以冷色與無彩色為中心
都市印象透過使人感受不到溫度的配色來體現。

灰色搭配茶色系展示
時尚、考究的感覺

　　灰色具有睿智、高檔的感覺，搭配上稍具溫暖感的茶色系，具有高品質的都市生活氛圍。

高品質的

| 32 15 | 46 29 | 26 17 | 10 4 | 21 20 |
| 13 2 | 18 5 | 9 2 | 2 0 | 9 2 |

冷灰色與茶色系搭配，在都市的洗練感中，傳達出考究、精英的印象。

灰色和灰藍色是經常出現在都市環境中的色彩，比如辦公大樓的外觀、電梯、辦公桌椅等，體現出高效、規範、整齊的感覺。

以灰色與灰藍為基調

灰色是表現都市印象中不可或缺的色彩，體現出洗練、理性的同時，傳達出成人社會高效、有序的氛圍。灰藍色則能體現出睿智、灑脫的感覺。

精緻的

| 32 15 | 46 29 | 26 17 | 10 4 | 21 20 |
| 13 2 | 18 5 | 9 2 | 2 0 | 9 2 |

都市氣息的

| 56 42 | 20 14 | 49 22 | 0 0 | 96 73 |
| 47 3 | 17 2 | 22 5 | 0 0 | 35 15 |

都市感與自然氣息截然相反

褐色與綠色讓人聯想到田園風光，具有自然的氣息。

抑制的灰色，有強烈的人工感，是典型的都市色彩。

色相與色調的比較

灰色與藍色，給人遠離自然的感覺。

綠色系與褐色具有濃郁的自然氣息。

素雅的混濁色調，體現都市生活的優雅。

接近純色調時則給人休閒、運動的感覺。

4.2.5 自然氣息的色彩印象（Natural）

溫和、樸素的自然色彩

與冷漠的都市感配色相對的，是源自泥土、樹木、花草等自然素材，給人溫和、樸素印象的自然色彩。色相以棕色、綠色、黃色為主，明度中等、純度較低，色調以弱、鈍為主。

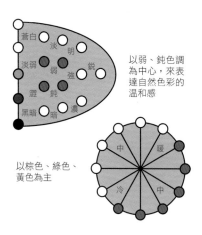

以弱、鈍色調為中心，來表達自然色彩的溫和感

以棕色、綠色、黃色為主

以綠色、茶色為中心
綠色和褐色是取自樹木、泥土、砂石等自然中廣泛存在的色彩。

茶色系能展現
簡單自然的印象

從深茶色到淺褐色的茶色系色彩，透過同一色相、不同色調的組合，能傳達出放鬆、樸素、柔和的自然氣息。

放鬆的

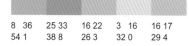

8 36	25 33	16 22	3 16	16 17
54 1	38 8	26 3	32 0	29 4

使用茶色系色彩的溫和感，透過豐富的色調變化，傳達出樸素、柔和的空間色彩印象。

以綠色、黃綠、深茶、茶灰色等組成的臥室空間配色，具有典型的自然美感，使人的心情變得安定祥和。

綠色與茶色讓人直接聯想到大自然

樹木的綠色和大地的褐色都是自然的顏色，即使鮮豔色調也能令人產生聯想。而素雅色調，則更能體現自然美。

悠然自得的

8 36	3 16	16 22	7 0	15 0
54 1	32 0	26 3	29 0	59 0

田園的

29 6	62 34	9 18	3 9	24 43
66 1	99 20	57 1	50 0	61 9

紫色是自然中較少出現的顏色

紫色很容易與人工雕飾的感覺聯繫起來，與自然的感覺相去甚遠。

換成綠色、黃色等，立即充滿自然氣息。

色相與色調的比較

沒有綠色和茶色，無法讓人聯想到自然。

綠色系與褐色具有濃郁的自然氣息。

明亮的淡色調，給人遠離自然的感覺。

含有灰色的混濁色，才顯得雅緻自然。

4.2.6 休閒、活力的色彩印象（Casual）

開朗、陽光的休閒色彩

陽光普照的金色沙灘和蔚藍色大海，以及排球和衝浪等運動，讓人想起夏日度假的閒適感覺。休閒感的配色，以鮮豔的銳色調和明亮的明色調為主。色相是以暖色為中心，幾乎包含了所有色相的全相型。

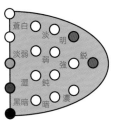

以鮮豔明亮的銳調和明調為主，傳達出休閒生活的愉悅與活力

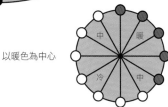

以暖色為中心

 以鮮豔的暖色為主
以鮮豔的暖色為主體，再搭配上對比色的組合，充滿了度假休閒的愉悅。

以黃色、橙色等暖色
為中心表現活力

鮮豔的黃、橙色等暖色，具有熱烈的感覺，好像陽光照射大地，因此用來表現活力感是必不可少的。

表現活力的黃色、橙色等能傳達出充分的活力與休閒感，點綴上紅色更是顯得充滿動感。

活躍的

5 37	2 14	64 0	0 0	15 94
94 0	85 0	29 0	0 0	15 4

使用橙色和黃色的鮮豔色調，能營造出十分
明朗、活力的氛圍。再搭配藍色的抱枕，補
色之間的組合使配色更具開放的感覺。

鮮豔明亮的色調表現出
開朗活潑的氣氛

　　鮮豔的純色調到明亮的明色調，都
是極具活力的，顯得耀眼而充滿張力，
用來表現愉悅、活潑的氛圍再好不過。

快活的

65 0	3 9	5 37	0 0	2 34
29 0	50 0	94 0	0 0	82 0

開朗的

2 40	2 66	2 14	2 5	28 1
33 0	53 0	85 0	23 0	91 0

增加對比強度突顯休閒與活力

紅、藍之間強烈的色相對比，以及純色和
白色之間的大明度差，特別能突顯出配色
的張力。

色相與色調的比較

以冷色系為中
心，主要給人
涼爽的感覺。

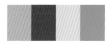

以暖色相為中
心，表現出鮮明
的活力。

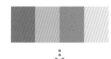

淡雅的色調，具
有內斂平和的感
覺，缺乏活力。

鮮豔色調充滿
朝氣。

4.2.7 清新、柔和的色彩印象（Neat）

輕柔、乾淨的清新色彩

　　越是接近白色的明亮色彩，越能體現出「清新」的效果。從淡色調至白色的高明度色彩區域，營造出輕柔、爽快的色彩印象。以冷色色相為主，色彩對比度較低，整體配色追求融合感，是這類色彩印象的基本要求。

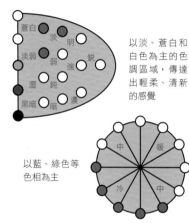

以淡、蒼白和白色為主的色調區域，傳達出輕柔、清新的感覺

以藍、綠色等色相為主

以明亮柔和的色彩為主
明亮的冷色具有清涼感，而淺灰與淺茶色具有柔和、細膩的味道。

冷色展現清涼與爽快

　　高明度的藍色和綠色，是體現清涼與爽快感覺的最佳選擇。加入白色，則突顯清潔感；加入明亮的黃綠色，則能體現自然、平和的感覺。

清新的

| 42 1 | 0 0 | 24 7 | 7 0 | 41 0 |
| 4 0 | 0 0 | 0 0 | 29 0 | 17 0 |

淡藍色為中心的配色，體現出清涼感覺的同時，還具有清潔、乾淨的效果。

灰色調演繹柔和與細膩

　　與具有透明感的明亮冷色相比，高明度的灰色更加傾向於表現舒適、幹練的印象。在微妙的淺灰色上，配以淺茶色，則會傳達出輕柔與細膩的感覺。

細微的

3 16	0 0	10 42	20 14	7 5
32 0	0 0	0 0	17 2	9 0

溫順的

16 22	3 16	7 5	20 14	25 23
26 3	14 0	9 0	17 2	0 0

牆面的淺灰色具有舒適、幹練的印象，搭配上家具的茶色和窗簾的茶灰色等柔和的色彩，將淡雅、細膩的印象表現得淋漓盡致。

冷色系獨具清涼、爽快的感覺

明亮的冷色具有十分突出的清爽感。

換成紫色則有華美的感覺，清爽感消失。

色相與色調的比較

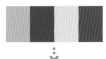

以暖色相為中心，只能體現出熱力四射的感覺。

以冷色系為中心，才能營造清涼、爽快的感覺。

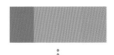

偏於晦暗的冷色，沒有爽快的感覺。

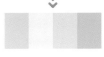

明快的冷色，才具有清爽感。

4.2.8 浪漫、甜美的色彩印象（Romantic）

朦朧、夢幻的浪漫色彩

在色相相同的情況之下，色調越鮮豔，便越具有強力、健康的感覺，而浪漫、可愛的感覺則相應減少。要表現浪漫的感覺，需要採用明亮的色調，來營造朦朧、夢幻的感覺。而紫紅、紫色、藍色等色相，特別適合表現這種印象。

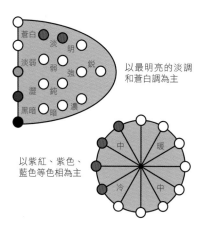

以最明亮的淡調和蒼白調為主

以紫紅、紫色、藍色等色相為主

明亮柔和的色彩表現夢幻感

以紫紅、紫、藍等色相的明亮色調為主，能傳達出浪漫所需的夢幻感。

以粉色為主表現浪漫

在高明度的色調中，以粉色和淡黃色為中心的明亮配色，能表現出一種朦朦朧朧夢幻般的感覺，再配以淡藍色，就好像充滿了夢想和希望。

浪漫的

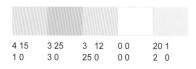

4 15	3 25	3 12	0 0	20 1
1 0	3 0	25 0	0 0	2 0

粉色和黃色的點綴色，與淡藍色的馬賽克和白色牆面一起，構成了輕柔浪漫的浴室氛圍。

牆面為明亮色調中的紫紅色，因其面積上的優勢，使得這種溫柔、甜美的感覺充滿了整個空間。地面的冷色，更增強了朦朧感。

紫紅色系演繹甜美感

　　以明亮的紫紅和紫色為主，顯示出溫柔、甜美的感覺。加入冷色的藍綠、藍等色系，則有童話世界般的感覺。

甜美的

3 40	3 16	3 23	10 4	5 20
33 0	14 0	3 0	2 0	0 0

童話般的

22 0	2 5	3 23	3 16	5 20
10 0	23 0	3 0	14 0	0 0

冷暖色相搭配表現浪漫與甜美

明亮的藍色，具有透明純真的感覺。

同色調的粉紅色，則具有夢幻感。

色相與色調的比較

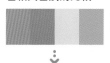

茶色與綠色系讓人聯想到土地與田園，有踏實感。

粉色和粉紫則有細膩、嬌美的印象，具有浪漫的感覺。

鈍、澀調的紫紅色，具有古典的感覺。

明亮色調的紫紅才具有純淨、甜美感。

4.2.9 傳統、厚重的色彩印象（Classic）

溫暖、凝重的傳統感

在東西方文化的歷史中，都有運用厚重的自然材料創造廣博文化的時代。優良的自然材質與精湛工藝相結合而打造的古典家具，給人十分高檔的印象，它們溫暖而凝重的色彩，瀰漫出沉靜與安寧的感覺，具有傳統和懷舊感。

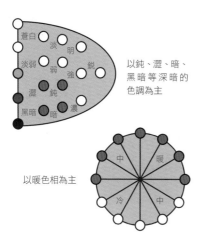

以鈍、澀、暗、黑暗等深暗的色調為主

以暖色相為主

 以暗濁的暖色為主

茶色、焦糖色、咖啡色、巧克力色等深暗的暖色，是表現傳統、厚重感的主要色彩。

暗濁的暖色有古典氣質

傳統的配色印象以暗濁的暖色為主，多採用明度和純度都較低的茶色、褐色和絳紅等。比如茶色與褐色的搭配，便具有濃厚的懷舊情調。

古典的

37 95	24 43	44 65	32 31	70 45
64 35	61 0	96 55	68 13	100 43

窗簾和沙發的駝色，有溫暖和緬懷的感覺，加上茶几、地板的深褐色，古典氣質油然而生。

牆面和椅子的深咖色,是暖色系色彩中極為厚重的顏色,具有十分堅實的感覺。搭配上深茶色地板,整體呈現出厚重、高檔的感覺。

堅定、結實的厚重感

　　比古典配色更加暗沉的是具有堅實感的厚重色彩,而深咖啡色和黑色是其中的必要因素。加入暗冷色,具有可靠感;搭配暗紫紅色,則具有格調感。

可靠的

| 78 66 | 35 61 | 44 65 | 48 35 | 95 76 |
| 72 33 | 97 29 | 96 55 | 40 20 | 32 24 |

有格調的

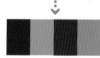

| 45 95 | 78 66 | 56 42 | 27 25 | 95 76 |
| 33 24 | 72 33 | 47 33 | 46 8 | 32 24 |

暗暖色主導傳統、厚重的印象

深暗的冷色傳達的是剛毅、嚴肅的印象。

溫暖的暗色能表現出歷史的悠久與厚重。

色相與色調的比較

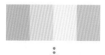

以冷色相為中心,具有果敢、嚴謹的印象,但缺乏歷史感。

以暖色相為中心,才能表現出正統、古舊的氣質。

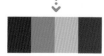

暖色相的明濁色,具有自然、安寧的感覺,但缺乏厚重感。

深暗的暖色才具有足夠的分量來傳達厚重感和傳統感。

4.2.10 濃郁、華麗的色彩印象（Brilliant）

溫暖、豐潤的華麗感

透過右側圖片可以清晰看出，傳遞華麗、豪華感的配色應以暖色系色彩為中心，以接近純色的濃重色調為主。雖然和「厚重的」色彩一樣，都是偏暗的暖色，但厚重感採用的是明顯濁化了的暖色。

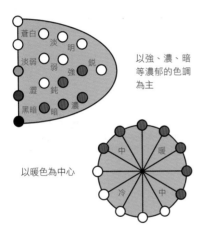

以強、濃、暗等濃郁的色調為主

以暖色為中心

 以濃豔的暖色為主

金色、紅色、橙色、紫色、紫紅，這些色相的濃、暗色調具有豪華且質地精良的感覺。

豐收般喜悅的濃郁色彩

秋天的果實、穀物和葡萄酒的顏色，給人一種豐收的喜悅感。能表現這種濃郁感和充實感的，是濃、暗色調的暖色，其中以紅、橙色系為主。

濃郁的

25 96	13 45	35 61	32 31	43 93
71 12	93 3	97 29	68 13	59 56

深紅色牆面，具有果實成熟般的豐富感，適合用於表現成熟感和豪華感的室內外裝飾。

奢侈、光鮮的華麗色彩

以紫紅、紫色為主的配色，具有華麗、嬌媚的色彩印象。加上金色，會有奢侈、華美的感覺；加上黑色，會變得華麗、性感，更具誘惑力。

空間主色是牆面的洋紅色，這種激烈、熱情的色彩又華麗、又刺激。與同樣華麗的紫色、金色搭配在一起，具有耀眼、奢華的感覺。

嬌豔的

23 70	62 94	20 93	2 40	47 65
16 3	10 2	15 3	33 0	12 3

華麗的

45 95	25 96	16 25	62 94	85 81
33 24	71 12	93 3	10 2	81 68

豪華感和古典感的差異

濃、暗色調的暖色，保持了很強的純度，具有豪華感。

暗濁調的暖色，純度大為降低，變得含蓄、內斂，具有古典感。

色相與色調的比較

冷色的濃色調搭配，具有睿智、嚴密的感覺，但沒有華麗感。

濃郁的暖色能準確傳達出華麗的效果。

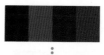

深暗混濁的暖色，擁有傳統、厚重的味道，但缺乏豪華感。

濃、暗色調的暖色，具有味道濃重的特點，傳達出豪華感。

4.3 其他色彩印象的靈感來源

從生活中獲取
無窮的色彩靈感

　　前面列舉了 10 種居室常見色彩印象，但並不意味著配色只能來自這些方面。我們能夠從生活中獲取無窮的色彩靈感，透過恰當的整理，就能用來裝扮室內空間，從而配出夢想的家居色彩。

　　這些靈感可能來自自然中美麗的景色，也可能來自一次美好的旅行體驗，也可能是一部電影給你的印象，也可能是一套時裝裡的構成色彩，或是一幅印象派畫作的色彩。總之，所有你喜歡的事物都可以成為你配色靈感的來源。

從一個抱枕中引出的色彩印象，被很好地運用到了居室空間中。

 豐富的色彩印象來自於生活

左上：從旅行中獲得的人文風情的色彩印象；右上：從科幻電影中獲得的奇幻色彩印象；左下：異域風情的瓷器提供了色彩靈感；右下：精美地毯中的配色同樣能運用到居室中。

時尚潮流也是居室色彩的靈感來源

每一季的時裝發布，都能帶來新的色彩風潮，而流行色幾乎總是從時裝開始。敏銳的設計師能從潮流中捕捉到最新的色彩資訊，並將它們運用到居室空間中，不斷為生活注入新的活力。

從喜愛的繪畫名作中整理出色彩印象

莫內的名作《翁提布的花園房屋》。整體明快的色調和冷暖相間的色相，表現出明亮的天空下和透明的空氣中那迷人的風景。

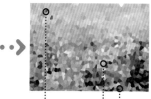

將畫面晶格化之後，能夠更加清楚地看出構成畫面的主要色彩。

畫面的主要色相是藍、橙、黃綠，它們構成三角形的色相型。

在三個主色的基礎上進行擴展。

三個主要色彩，屬弱、淡弱色調，具有明朗、柔和的美感。

天空藍	淡紫色	腮紅	楓糖色	苔蘚色
34 14	23 17	8 26	13 39	52 35
10 0	10 0	21 0	37 0	67 0

根據畫面色彩的面積比例
進行進一步整理。

也可以對面積比例進行調整，
使印象產生微妙的變化。

色彩印象：以明濁色調為主，畫面明朗而柔和；以冷色相為主的三角形配色，在穩定之中帶有開放的感覺。畫面色彩印象是愜意、安寧之中帶有溫潤感。

按照原作的色彩面積比例，對空間進行色彩設計。在配色中可運用「重複」、「群化」等方法，使配色獲得對比與融合的平衡。

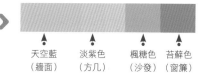

天空藍	淡紫色	楓糖色	苔蘚色
（牆面）	（方几）	（沙發）	（窗簾）

4.4 同一空間的不同色彩印象

配色印象營造居室氛圍

在造型、色彩、質感等營造空間效果的元素中，色彩的影響力是最為顯著的。同樣造型和質感的空間介面與家具，當採用了不同的配色方案時，居室氛圍將變得完全不同。

根據視覺和心理需要，先進行色彩印象的選定，然後將該種印象的色彩，以恰當的位置和面積，賦予到空間中各物體上，便能營造出夢想的居室氛圍。

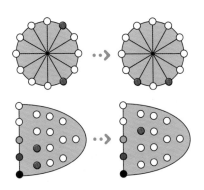

由傳統氛圍轉向自然氣息
空間中深暗的海草綠牆面和深茶色家具，分別變換成淡弱色調的淺灰綠壁紙、青灰色牆漆及櫃體，空間氛圍由古典、傳統轉變為自然、柔和。

變換色彩印象是居室改造的利器

褐色家具和地板，以及深茶色門窗、屋梁，構成了傳統、穩重的居室氛圍。

將褐色換成米駝色，深茶色換成淺茶灰色，傳統氛圍變成了自然、柔順的感覺。

都市知性的配色印象（P114）

煙灰色	雲杉綠	月光藍	中灰藍	紫灰色
66 56	56 31	45 28	57 42	73 76
60 6	41 0	20 0	31 0	43 4

自然田園的配色印象（P116）

樹葉綠	象牙色	秋香綠	淺黃色	駝色
58 37	2 7	49 30	4 13	38 60
88 0	32 0	67 0	50 0	77 0

休閒活力的配色印象（P118）

橘黃色	淡黃色	石綠色	象牙色	桃紅色
0 35	4 10	49 30	4 13	6 56
100 0	73 0	67 0	60 0	0 0

浪漫純真的配色印象（P122）

淡藍色	白色	白茶色	淺桃紅	粉紫色
18 0	0 0	1 23	0 34	6 16
5 0	0 0	41 0	0 0	0 0

4.5 同一類印象中的微妙差異

同一類印象中仍有豐富的變化

在同一空間中，運用不同印象的色彩，能夠營造出完全不同的居室氛圍。反過來，同一類配色印象運用到空間中，也並不會造成千篇一律的情況，而是同樣可以有著豐富的變化。只是這些變化造成的差異，不像前者那樣強烈，而是非常微妙、柔和。

雖然屬於同一類色彩印象，但因為搭配色彩的細微區別，以及色彩在空間中面積的差異，會造成空間氛圍的細微變化。正是這些豐富的變化，使得空間配色具有無窮的魅力。

以「自然的」色彩印象為例

以棕色、綠色、黃色為主

以弱、鈍色調為中心

運用自然色彩印象的案例
左上：灰藍色塊有愜意之感；右上：月光藍色塊有淡泊樸素的感覺；左下：黃綠色塊有安寧的感覺；右下：大面積駝色有徹底放鬆的感覺。

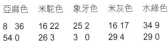

亞麻色	米駝色	象牙色	米灰色	水綠色
8　36	16　22	25　2	16　17	34　9
54　0	26　3	3　0	29　4	29　0

這是自然氣息的色彩印象中最常用的幾個單色，並不代表非此不可。在這個基礎上，依然可以適當地擴展色相和色調，根據個人感受進行色彩印象的微妙變化。

添加藍色色相，有愜意、舒暢的感覺。

綠、黃綠色相為主時，更顯安寧、滋養。

加深各色色調，則顯出泥土、田園的感覺。

從色相型和面積差異兩個方面進行變化

比較典型的自然派色彩印象，營造出田園般的氛圍。

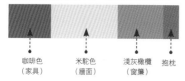

咖啡色　　　　　米駝色　　　　淺灰橄欖　　抱枕
（家具）　　　　（牆面）　　　（窗簾）

配色不變，增大黃綠色相的面積，氛圍變得更加寧靜。

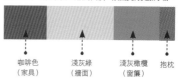

咖啡色　　　　　淺灰綠　　　　淺灰橄欖　　抱枕
（家具）　　　　（牆面）　　　（窗簾）

添加淺灰藍色，增強色相型，顯出愜意而時尚的感覺。

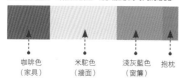

咖啡色　　　　　米駝色　　　　淺灰藍色　　抱枕
（家具）　　　　（牆面）　　　（窗簾）

減弱色相型，採用類似色配色，顯出質樸、寬鬆的感覺。

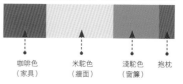

咖啡色　　　　　米駝色　　　　淺駝色　　　抱枕
（家具）　　　　（牆面）　　　（窗簾）

4.6 共通色和個性色

 具有男性化氣質的共通色
以深暗的冷色系為主的空間，搭配上灰色和暗暖色，傳達出具有男性氣質的考究感。

 組合女性色彩形成個性配色
在床頭、花卉等局部融入粉色和洋紅，突顯出甜美的感覺。讓人感到這其實是極具個性的女性空間。

共通的色彩印象與
個人喜好相結合

前面介紹的空間常見配色印象，是具有廣泛共通性的色彩感覺。但有的情況下，個人喜歡的配色，可能並不完全與共通色一致。而是將共通配色印象與個人喜好相結合，進行綜合搭配，形成帶有個人特點的創造性配色印象。

茱色系的家具、地板和床品，是典型具有自然氣息的共通色。

搭配動感印象的橙、藍色，在自然氣息的基礎上注入活力，形成個性配色。

自然氣息的（共通色）

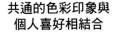

動感的（共通色）

在自然氣息中注入動感形成個性配色

Part 5
空間配色綜合

5.1 空間案例中的 配色基礎 1

色彩的屬性

色相

P16

空間大面積色彩採用藍色、藍綠色等冷色，表現出清爽、安靜的感覺。

色調

P22

空間主色調以「淡弱」色調為主，傳達出成熟、素淨的感覺。

色相型
P42

採用了與藍色呈對決型的橙色系。對比色關係傳達出緊湊、有張力的視覺感受。

色彩數量
P50

家具、飾品和植物等色彩的加入，沒有刻意控制色彩數量，展現出自由無拘束的居家氛圍。

色彩與空間

色彩與空間調整
P54

大面積色彩處於明朗的濁色調區域，屬於膨脹色，使空間感覺寬鬆、開闊。

配色的調整

突出主角的技法

P74

作為主角的白色沙發，由於色彩淡弱，感覺不夠明確，添加了色彩鮮豔的附加色——抱枕、花卉等，增強了主角的地位。

整體融合的技法

P84

牆面與地面雖然是兩大對決色面，但同是較低的純度使其對比並不強烈。再透過地毯明度與牆面明度的靠近，增加了兩大色面之間的融合。

自然氣息的配色印象

P116

配色印象

茶色系的地板和地毯，以及咖啡色的茶几和抱枕，再搭配上黃綠色的植物，自然氣息的配色印象油然而生。搭配牆面的藍灰色，顯現出舒適、愜意的感覺。

色彩與空間重心

P62

深色的木地板和茶几，使空間重心居下，整體配色顯得平穩、安定。

5.2 空間案例中的 配色基礎 2 ⋯⟩

色彩的屬性

色相
P16

空間大面積色彩採用橘紅、芥末黃等暖色，表現出濃郁、充實的感覺。

色調
P22

空間主色調以「強」色調為主，傳達出豪華、豐潤的感覺。

色相型
P38

橘紅色牆面、暗紅色地毯以及芥末黃沙發，均屬於暖色系的類似型配色，兼具了穩重與舒展的感覺。

色彩數量
P50

色彩數量被控制在三個以內，體現出束縛感，強力、執著的色彩印象得以充分表達。

色彩與空間

色彩與空間調整
P54

大面積採用鮮豔的強色調色彩，屬於收縮色，空間顯得內斂、緊湊。

配色的調整

突出主角的技法

P72

作為主角的長沙發，與背景色雖然屬於類似型配色，但色相差還是較為明顯，這使得主角從背景中被恰當地突顯出來。

整體融合的技法

P80

背景色中的橘紅與暗紅色，與主角色的芥末黃，雖然存在一定的色相差，但都是屬於暖色系色相，具有很強的共通性。整體配色在適當對比的基礎上體現了融合感。

配色印象

濃郁、豐潤的配色印象

P126

橘色、暗紅、芥末黃等強色調與濃色調色彩的組合，彷彿果實、穀物和葡萄酒的顏色，給人一種豐收的感覺，營造出充實、濃重的居室氛圍。

色彩與空間重心

P62

中等明度的牆面與淺色的地面對比，視覺重心居上，空間具有動態感。

5.3 四角色關係的 案例解析

背景色

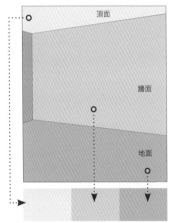

背景色通常由頂面、牆面、地面、門窗等各部分的色彩組成。

以暖色系的淡、弱色調為主體，透過適當的明度和純度變化，形成自然、寬鬆的臥室配色。

主角色

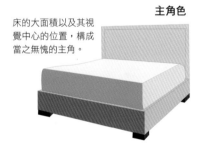

床的大面積以及其視覺中心的位置，構成當之無愧的主角。

配角色

除主角之外的中等色塊的家具和窗簾，屬於配角色。

點綴色

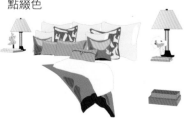

床品中的抱枕、毛毯和床頭櫃上的台燈、花卉以及其他的飾品，透過賦予純度較高的色彩，形成空間中的點綴色。

背景色各色面的配色關係（融合）

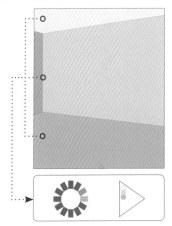

背景色三大色面的色相型，是以橙色為中心的類似型。色調則處於以淡弱色調為主的明濁色區域。各色面之間對比較弱，是以融合為主的配色。

主角色 & 背景色的配色關係（融合）

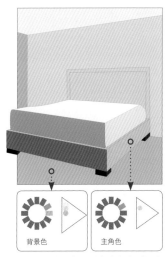

背景色　　　　主角色

主角色與背景色屬於類似色相型，色調差異也較小。兩大角色之間這種高度融合的趨勢，為空間營造溫和、平靜的氛圍奠定了基礎。

主角色 & 配角色的配色關係（融合）

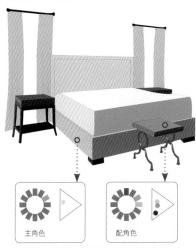

主角色　　　　配角色

床頭櫃、床榻、窗簾等配角色與主角色屬於類似色相型，同時運用明度上的變化豐富了配色效果。

點綴色 & 主角色的配色關係（突出）

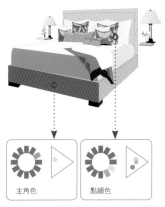

主角色　　　　點綴色

點綴色與空間大色塊屬於類似色相型，但透過提高純度，形成強調的效果，豐富了空間配色。

5.4 從單色展開的 配色過程

1. 從選定的灰藍色牆面開始

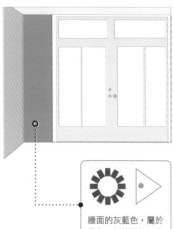

牆面的灰藍色,屬於藍色色相的澀調。我們就從這個單色開始配色。

居室的色彩搭配,有多種入手的方法。比如從心儀的牆面色彩開始,來思考其他色彩如何搭配。有了配色的基點,後面就好展開了。

2. 加入深灰色地面

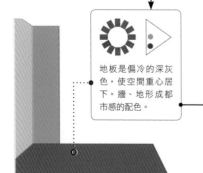

地板是偏冷的深灰色,使空間重心居下。牆、地形成都市感的配色。

3. 在同色系中選擇窗簾與地毯

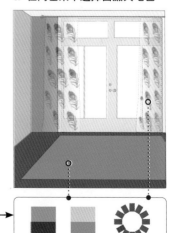

地毯、窗簾和牆、地面都是屬於藍色系,透過明度的變化,形成低調而豐富的都市感。

4. 從對比色相中選擇了主角色

主角色是沙發的咖啡色，與背景色的「藍色系」是對決色相型。透過「靠近色調」的配色方法，獲得了既對比又協調的效果。

7. 添加點綴色完成配色

點綴色分布於抱枕、花卉、燈具等物品上，色相與空間中藍色、橙色兩大色系靠近。透過突出純度和明度上的對比，最終形成都市理性中具有熱烈、華麗感的空間配色印象。

5. 從主角色的相鄰色系中選擇了配角色

沙發椅和木質茶几等配角色，與主角色在同一色系或者相鄰色系中。只是均屬於低純度色彩，整體略嫌暗淡、乏味。

6. 提高配角色純度產生華麗感

提高沙發椅的純度，突出熱烈、華麗的感覺。因為色相相近，整體仍有協調的感覺。

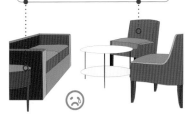

5.5 從色彩印象開始 空間配色 ···>

1. 根據印象整理出色調、色相的區域

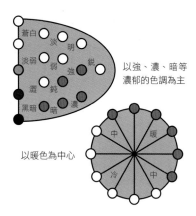

以強、濃、暗等濃郁的色調為主

以暖色為中心

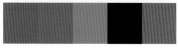

濃、暗色調的暖色，營造出濃郁、豐潤的色彩氛圍，搭配上部分澀調的家具，則融入嫻靜、自然的感覺。

3. 查看色票之間的色彩關係

1	2	3	4	5

珊瑚紅	煙棕色	駝色	栗色	梅紅色
21 86	52 61	37 53	62 94	10 86
83 0	93 9	87 0	98 59	50 0

所選的 5 個單色，屬於暖色系的類似型配色，色調以濃、暗為主。

要營造「濃郁的、豐富的」印象

從繪畫、攝影或相關物品中，找出所需色彩印象的基本特點，整理出相應的色調、色相區域。

2. 確定構成印象的單色

從相應的色相和色調區域，選擇出符合配色印象的若干單色。

4. 整理色票的主次與面積比例

1 珊瑚紅	2 煙棕色	3 駝色	4 栗色	5 梅紅色

以珊瑚紅為「主色」，占據空間最大面積，意在表現豐足、圓熟的印象。考慮將該色用於牆面，為避免效果過於濃鬱，可搭配白色來中和。

以煙棕、駝色等為「副色」，表現充實、沉穩的感覺。可用於家具和窗簾。

以梅紅色作為「點綴色」，並適當組合其他色彩，共同達到裝點空間的作用。

確定出「主」、「副」、「點」的各類色彩，將色票按照比例區分出來，為實際空間配色做好準備。

5. 將「主色」賦予到空間的具體色面

本著「先大後小」、「先主後次」的原則，將色票中的顏色運用到具體色面。

1 珊瑚紅

6. 將「副色」運用到具體色面並查看效果

如果完全依照「副色」來選擇家具、窗簾、地毯等，整體感覺會顯得過於濃鬱。

2 煙棕色	3 駝色	4 栗色

以「副色」作為參照，選擇低純度的家具和窗簾，避免濃豔感。

7. 適當調整色彩

8. 設置點綴色完成配色工作

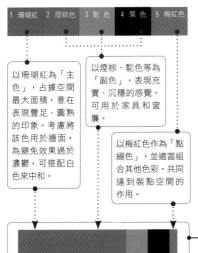

5 梅紅色

以梅紅色為主，再添加藍色、橙色、紫色等點綴色，分布於抱枕、花卉、裝飾畫、書籍等色面上，既達到融合整體的作用，又為濃郁、豐富的配色增添活力。

5.6 如何調出雅緻的 牆漆顏色

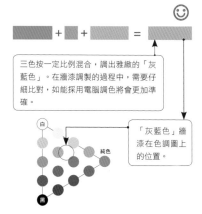

三色按一定比例混合，調出雅緻的「灰藍色」。在牆漆調製的過程中，需要仔細比對，如能採用電腦調色將會更加準確。

白

純色

黑

「灰藍色」牆漆在色調圖上的位置。

窗簾的「米黃色」，在色相上與「灰藍色」成「對比型」，但色調相近，效果非常協調。

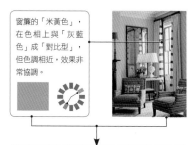

牆面的色彩為「灰藍色」，能使人產生冷靜、精緻、意味深長的感覺。

該色彩的色相屬於「青色」，如果是純色會顯得過於鮮豔，不常用於家居空間。

在家居配色當中，牆漆運用純色的機會並不多，通常會採用純度較低的濁色。在配色的時候，如果兩色的色相對比，那麼最好採用色調靠近的方式來求得色彩組合的協調。

放大之後的色塊是這樣

在色相環上位置

既不耐看又過於刺激。在純色中混入青色的補色，降低其純度，並混入淺灰，使它變得明朗柔和。

濁色系色彩在居室空間中被廣泛地使用，可塑性極強，很容易形成協調的配色，所以又被稱為「協調色」。

5.7 花藝中的 配色實例

用花卉來裝飾禮物，顯得非常精緻！「米色」紙張搭配「紫羅蘭色」的花瓣，加上黃綠葉片，在「自然、溫潤」之中顯出「華美」的感覺。

只有包裝紙的米黃色，顯得謙遜而樸實。

加入黃綠色，顯得平和而寧靜。

雖然色相相鄰，但葉片與紙張的色調差，使得兩個色面之間存在恰當的對比。

最後點綴上紫色的花瓣，華美之感油然而生。所追求的意象被充分地表達出來。

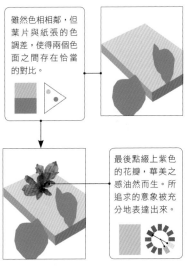

因為想要表達「溫潤、華美」的感覺，所以色彩組合讓人感覺很滿意。☺

如果包裝紙換成了豔麗的紫色，整體配色顯出「妖豔、魅惑」的感覺，「溫潤」的感覺則不見了。☹

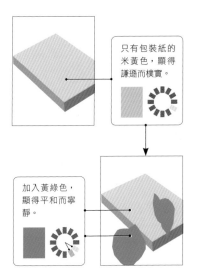

在居室陳設中，花卉是重要的元素之一。雖然面積不大，常作為空間的點綴色，但依然要遵循配色的基本原理，與主角色、背景色配合，營造出想要表達的居室氛圍和印象。

5.8 廚房中的 配色實例

對食物來說，除了味覺之外，視覺美感也很重要。當糕點出爐之後，對其進行恰當的點綴，頓時就讓美食變得賞心悅目起來。

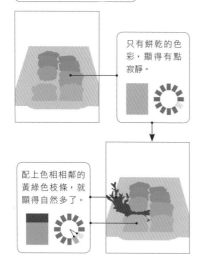

只有餅乾的色彩，顯得有點寂靜。

配上色相相鄰的黃綠色枝條，就顯得自然多了。

最後點綴上餅乾色的對比色——紫色，要注意的是面積要小。

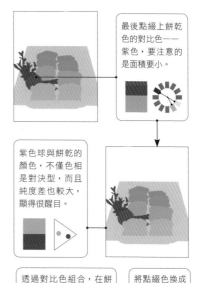

紫色球與餅乾的顏色，不僅色相是對決型，而且純度差也較大，顯得很醒目。

透過對比色組合，在餅乾原來質樸的色彩基礎上，顯出華麗感來。☺

將點綴色換成了與相鄰的黃綠色，則保持原有的質樸感，「華麗、欣喜」的感覺消失了。☹

食物的製作，是居家生活中重要的活動之一。除了追求可口的味道，如還能兼顧到食物的色彩協調，那就真正做到色香味俱全了。來掌握一些配色的基本方法，使這一美好的理想成為現實吧。

附錄
常見居室配色問題

附錄　常見居室配色問題

Q1：一個居室空間的色彩搭配通常從哪裡開始？

對於一個居室空間的配色來說，通常有三個入手之處。**第一個是從彌補房間的缺陷來考慮**。比如對於較小的房間，為了能夠使空間看上去寬敞些，我們會首先考慮採用淺色、弱色、冷色等來達到這個目的。後面搭配進來的色彩，都以這個要素為中心。

第二個切入點是從房間中不可變更的顏色開始的。比如原來已經塗刷了的牆漆，或是一件鍾意的老家具，它們的顏色已經固定，新添家具和陳設的顏色，就要以這些色彩為基礎去搭配。當然，這樣搭配的效果也會因組合進來的色彩不同，而同樣有著豐富的可能性。第 142 頁講述的便是這種方式。

第三個途徑是最理想的，那就是從色彩印象開始進行空間配色。根據個人經歷和喜好，找出心儀的色彩印象。這些色彩印象的來源無限廣闊，同時聯繫著我們內在的情感，運用在居室中，能產生很強的個性魅力和歸屬感。第 144 頁講述的便是這種方式。

不管是以哪種方式來展開色彩搭配，最終營造出心儀的居室氛圍才是真正的目的。即便是從第 1、2 種方式開始，只要配色方法得當，仍然能搭配出夢想的家居色彩。

Q2：在一套住宅的所有房間裡，都要採用相同的配色方案嗎？

如果所有的房間採用同樣的配色方案，那一定是相當乏味的，而且也不能對應家庭各成員不同的年齡狀態以及各自的性格特點。對於相對封閉的房間，更是沒有這種必要。比如臥室與客廳這種各自獨立的空間，完全可以採用不同的配色方案。彼此之間不僅不會破壞整體感，反而能使家庭生活更顯豐富。

兒童房的顏色不可能與成人臥室用的顏色相同，老年人臥室所需要的寧靜色彩也不會與青少年臥室的活力色彩相同。家庭活動室所需要的休閒、動感氛圍，與追求舒適、寧靜的書房，其配色方案也自然會有區別。另外，根據家庭成員不同的個性和審美趣味，採用不同的配色方案，會讓大家更覺愉快，更有幸福感。

對於相連通在一起的空間，比如客廳與餐廳，或者臥室與浴室，則還是需要採用同一色彩方案才能給人關聯的感覺，整體感也更強。

Q3：在一個房間內，能夠採用多個色彩印象嗎？

對一個房間進行配色，通常以一個色彩印象為主導，空間中的大色面色從這個色彩印象中提取。但並不意味著房間內的所有顏色都要完全照此來進行，比如採用自然氣息的色彩印象，會有較大面積的米色、駝色、茶灰色等，在這個基礎上，可以根據個人的喜好，將另外的色彩印象組合進來。但組合進來的色彩，要以較小的面積來體現，比如抱枕、小件家具或飾品等。這樣會在一種明確的色彩氛圍中，融合進另外的色彩感受，形成豐富而生動的色彩組合。這樣的組合，比單一印象更加豐富，更具個性魅力。

由此可見，除了以單一色彩印象來進行配色之外，兩種印象相組合也是可以的。但在這樣的方式中，不適宜組合過多的印象。**三種以上的情況就容易產生混亂的感覺，使得所要營造的主體氛圍變得模糊、曖昧。**單個色彩印象的配色，給人意象明確的感覺；組合而成的配色，則更加豐富和靈動。

Q4：在裝修之前有必要先確定家具的顏色嗎？

這個是很有必要的。空間中除了牆、地、頂面之外，便是家具的顏色面積最大了。**整體配色效果，主要是由這些大色面組合在一起形成的，單獨考慮哪個顏色都不妥當**。在家具顏色的選擇上，自由度相對較小，對於牆面顏色的選擇則有無窮的可能性。所以先確定家具之後，便可以根據配色規律來斟酌牆、地面的顏色，甚至包括窗簾、花卉的顏色也由此來展開。有時候一套讓你喜愛的家具，還能提供特別的配色靈感，並能以此形成喜愛的配色印象。

所謂先確定家具，並不一定要下單購買。可以先透過瀏覽賣場和網店，對自己喜愛的家具進行基本的瞭解，然後將它們的顏色整理出來。只要先整理出色彩的特點，就可以在這個基礎上進行通盤的色彩規畫。在裝修實施的過程中，根據前面擬定的配色方案對牆面進行塗刷，並鋪設相應的地板或地毯。最後，當家具搬進來時，便能與前面的色彩規畫形成完美的效果。

如果預先不關注家具的情況，而只是一味孤立地考慮牆、地面的色彩，有可能會在之後發現很難找到顏色匹配的家具。對於從色彩印象出發的色彩方案，更是要充分考察有無滿足配色方案的家具，否則可能無法營造出想要的空間氛圍。

Q5：如果牆、地面的顏色已經固定，該如何選擇家具的顏色？

如果能先確定家具的顏色，再來考慮牆及地面的色彩，當然會更加主動。但有些情況下，比如房間已經裝修完成，且牆、地面的顏色不易變更（對於購買的精裝房更是如此），這樣就只能以牆、地面的顏色為基礎，來考慮家具的色彩了。感覺雖然

較被動，但如果能注意一些方法，也能取得不錯的色彩效果。

如果牆、地面的顏色已經確定，那麼家具的顏色可以以此為參照來搭配。通常一個空間中，家具不止一件。**可將大件的家具顏色靠近牆面，或靠近地面，這樣就保證了家具組合進來，與整體空間的協調感**。對於小件的家具，則可以有些變化，採用與牆、地面對比的色彩，像這樣小色面的變化，既增添了空間的活力，又不會破壞整個色彩的平衡。還有一種更加趨向於融合的方法，就是將家具分成兩組，一組色彩與地面靠近，另一組與牆面靠近。這樣搭配的色彩會非常協調，如果感覺上有些單調，那就透過抱枕、花卉、飾品等的鮮豔色彩來點綴。

Q6：經過精心配色的居室效果會有什麼不同？

如果一個房間能稱得上精心配色，那一定做了不少的前期工作。比如會充分瞭解房間的尺度和朝向，對此做出相應的分析。使空間尺度和日照反射等情況，儘量朝宜人的方向發展；會充分瞭解居住者的個性特徵、審美趣味以及情感需求，使得色彩方案在滿足空間功能的基礎上，同時營造出居住者嚮往的空間氛圍。這樣既具有視覺舒適感，又具有情感氛圍的配色，無疑將使居室成為一個令人留戀的所在，給人真正家的感覺。

沒有經過認真配色的居室，不僅可能忽視房間的各種缺陷，也無法對居住者的內在需求做出應有的整理。功能上處理不當，同時又不能提供美的享受和個性的滿足，這樣的家居裝飾不免讓人失望。如果期望不透過精心規畫就能成功，那幾乎是不可能的。

有些屋主感覺自己的家像飯店套房，或者

那些簡單套用來的色彩方案，與鄰居家的十分接近。這些情況是沒有對自己的需求做出認真的分析，更談不上是精心設計過的了。

由此可見，**要達到完美的居住感，或者說是追求真正「家的感覺」，為此而進行精心的配色設計，是其中必不可少的重要環節。**

Q7：如何找到並整理出自己喜愛的色彩印象？

要想營造出夢想的家居色彩，先要找到自己真正喜歡的色彩印象。色彩印象的來源無窮無盡，比如從自然界的朝霞、海景、森林、草原、沙漠等景象中去尋找；也可以是旅行各地的美好體驗，比如地中海的美景、阿蘭布拉的建築、巴黎的街道、威尼斯的水巷；甚至自己喜歡的任何一件物品，它們有可能是一件青花瓷器、一塊手工地毯，或是一幅印象派的畫作，這些都是能喚起我們美好情感的色彩印象來源。

我們可以從相關的色彩專業書籍中，找到色彩印象的色票，也可以從旅行的照片中提取，或是從身邊的物品中整理，甚至是僅憑著回憶也能夠找到它們的身影，雖然不一定多麼精確，但存在你心中那個美好的、甚至模糊的印象，正是色彩靈感的重要來源。

確定了色彩印象的來源後，我們就可以開始從中整理出印象色票。**根據先大後小的面積整理原則，**從對象中再歸納出 5 個左右的色彩色票。我們可以根據配色的基本原理，查看這些色票之間的色彩關係，包括色相型、色調型、色彩數量等；查看色票之間的組織關係，哪些色彩是主色，哪些是副色，是以對比為主，還是以融合為主。經過這樣的仔細查看，就能深刻體會到這組色彩印象的精神核心。只有領會了

色彩印象的精神，才能將它們恰如其分地運用到空間中，最後成功地營造出你想要的空間氛圍。

第 128 頁中，講述了如何從色彩印象的靈感來源，整理出配色色票的有效方法。這種方法有著廣泛的適應性，可以指導我們從任何源頭獲得美好的色彩印象色票。

Q8：在裝修和布置家居陳設的過程中，有什麼輔助工具可以幫助我們更便捷地記錄和規畫色彩嗎？

為居室進行配色是項複雜的工程，尤其是前期家具、飾品與房屋根本不處在同一個空間中。而且家具之間，也並不是來自同一家門店和賣場，也不可能將它們一件件搬進新居進行比較。所以，**整個過程是先將散布於各處的物品，進行虛擬構思和設計，覺得搭配合理之後，才最終將實物組織到一起。**如果沒有一定的方法和輔助工具，在這樣的工作中要想得出滿意的答案是十分困難的。

我們可以用三種方法和多種輔助工具相結合的方式，來完成這個艱鉅的任務。第一種方法是最基礎也最常用的方法，就是將各種材料進行採樣和收集。比如沙發布紋的布片、瓷磚的邊角、木材的樣板。如果是彩色牆漆，可以將該種牆漆塗刷在一小塊木板或厚紙板上。**收集的這些材料樣板能隨身攜帶，用於不同門店產品之間的比較；**第二個方法是準備一套國際通行的色塊，比如知名的 PANTONE（彩通）色卡。將材料的顏色對應到色卡的具體色票上，在採購不同物品的時候，透過色票來比較各種材料的色彩關係。這是第一種方法的有效補充。

另外，如果懂得 Photoshop 或 Illustrator

此類繪圖軟體，那就更好了。將與材料對應後的色卡色票數據，輸入到軟體，便能夠在電腦中將它們還原。有了這些數據基礎，就能在家中進行專業級的配色設計。

以上三種方法能夠全部用上的話，當然非常棒。但如果條件有限，只採用第一種的實物樣板方式，也能有效的去進行居室配色，使得整個色彩方案的完成有了可靠的保障。

像數字色票那樣，精確地在繪圖軟體中還原色彩。

第三種是色彩的色名方式，如焦糖色、玉米色、巴黎藍、珊瑚紅等這類具有文化和情感的色彩名稱。但就管理色彩而言，數字和色立體方式會更加有效，然而色彩名稱卻可以生動地表現色彩的形象及其承載的情感，具有極強的暗示性和說服力。在用口頭語言進行色彩溝通時，色名方式是最好的。

Q9：一個顏色有幾種表述方式，每種表述方式各有什麼優缺點？

對於一個顏色，有三種主要的表述方式。第一種是在電腦和印刷系統中常用的數字色票，以 RGB／CMYK 兩個模式為主；第二種是以色立體為基礎的孟塞爾或者 PCCS 體系；第三種是色彩色名方式。三種表述方式各有千秋，又各有局限，綜合運用則能滿足各種情況下的需求，使配色工作游刃有餘。

第一種是電腦圖形的數字方式，常用 RGB 和 CMYK 來標識。這是大多數電腦圖形製作人員每天使用的色彩方式。3D 影視、網頁製作的常用 RGB，平面印刷的則常用 CMYK。數字色票方式的優點是能夠準確地標識一個色彩，使其放之四海而皆準。缺點是該方式過於機械，缺乏情感，且單純從數字不容易直接解讀出色彩的形象和屬性。

第二種是以色立體為依託的表述方式。其中以孟塞爾體系為代表。這種表色方式標識出色彩的色相、明度、純度，能夠直接解讀出色彩的屬性。在考慮色彩組合搭配時，能夠輕鬆判定色彩之間的色相型、色調型和色彩數量等關鍵因素。缺點是不能

Q10：純白色牆面真有「百搭」的效果嗎？

很多人認為純白色是最安全且「中性」的顏色，並能夠與任何色彩相搭配。但是，純白色並非中性色。從視覺感受來看，它和其他鮮豔的色彩一樣，都具有很強的刺激性。尤其當大面積使用時，會產生眩光的問題。

純白色一點也不中性，也就是說並沒有想像得柔和。比較適合室內裝潢的白色，是從非常淺的米白色到色味較重的乳白色。

當純白色與其他白色搭配在一起，尤其應該引起注意，比如米白色如果與純白色並置，看起來會暗淡無光澤。

要如何才能選出合適的白色呢？只要注意到白色的冷暖傾向就能做出正確判斷。冷色系的色彩適合跟偏冷的白色搭配，而暖色系的色彩則適合與偏暖的白色搭配。

但在某些地方卻特別適合採用純白色，比如當作邊飾，能為空間增加俐落感。常見的白色邊飾包括頂角線、地腳線、門窗套等，當牆面是彩色時，這種邊飾的效果更加出色。

Q11：房間的裝飾色應與我的個人形象色彩一致嗎？

個人形象色彩是指與膚色、髮色、瞳孔、眼底、唇色匹配的裝扮色彩，常用來作為服裝、妝面的參考色彩。適合自己的形象色，能使人看上去更加健康和漂亮。

有些屋主會考慮是否要讓空間裝飾色與個人形象色相一致，使自己在這樣配色的空間中看上去更加漂亮。如果適合你的色彩也正是讓你感到舒服的色彩，那麼這種配色也可以作為居室配色的參考。但是反過來看，適合你的色彩既可能不是你喜愛的色彩，也不一定符合空間氛圍的需要。個人形象色彩與居室空間所需的色彩，畢竟用途方面不同。前者的目的在於突顯形象的優點，是個人打扮的重要手段；後者則旨在營造舒適、和諧的氛圍，使人心情平和、身體放鬆。

居室色彩首先要滿足情緒上的需要，而非一定要與你的皮膚相配，所以不必為個人形象色彩所束縛。應選用恰當的色彩，營造出喜愛的空間氛圍，讓人感受到精力充沛、開心快樂和富有生機，這才是居室配色的根本目的。至於這些色彩，是否更能襯托你的膚色，就顯得不那麼重要。

Q12：該特意採用流行色來裝飾居室嗎？

流行色具有很強的時尚性，能使居室煥發出新鮮時髦的氣息。同時，流行色也具有很強的時效性，當潮流退去後，這些顏色就會顯得過時。這種被淘汰的感覺與當初領導潮流的時髦感轉換起來，有時快得超乎你的想像。如果你是一個熱衷於經常變換家居色彩的人，同時預算方面又不是問題，那麼這種對流行色的追逐，則可能不會造成前述尷尬的局面。

但居室空間在一定的年分之內，通常不會頻繁地變更大色面，尤其是在牆面、地板和大件的家具，這些顏色變更起來較不容易，且花費也不菲。**所以流行色最好是套用於容易變更的區域，如床品、沙發套、毛巾、桌布、抱枕、花卉、裝飾畫等，最多也只能用在牆面的塗刷上，畢竟牆面色彩的變更比起地板來說，還是要稍微容易一些。**

從審慎的角度來說，使用流行色應保持在較小的區域內，但這些小面積的色彩，照樣能帶來意想不到的效果。這些時尚的顏色，不僅具有提神的作用，而且也能帶給你與時代同步的滿足感。

Q13：最容易犯的居室配色失誤是什麼，該如何避免？

最常犯的配色失誤是——缺乏明確的訴求。**當你進入到這個空間中，始終無法明確感受到這裡的主導色彩印象，不知道這個配色到底想傳達什麼樣的情緒。**這往往是因為配色開始的時候，沒有確定空間的色彩主旨，沒有定下來要表達的是什麼。

避免這種失誤的方法很簡單，就從思考配色開始，將空間的情緒訴求確定下來。就算空間中已經有了不可變更的色彩，比如牆面已經塗刷了顏色，可以此為基礎，看看這個顏色適合與哪些顏色搭配，並能營造出什麼樣的氛圍。從這些思考中，選出一個喜愛的色彩印象，並照此執行。在有了這個主導印象的基礎上，透過小面積物品的顏色變化，組合進來另外次要的色彩印象也是可行的。當然即使不做添加也會很完美。

Q14：同一個房間內的牆面，最多可塗刷幾種顏色？

理論上來說，有幾面牆便可以塗刷幾種顏色，但那樣出來的效果，也許相當於幼兒園娛樂空間的樣子。**有時候要抑制住塗刷多種顏色的衝動確實不容易，但為了保持空間的整體感，還是控制在一到兩種顏色之內為佳。**也許我們會認為色彩豐富的空間更有美感，但豐富的色彩並非要全部來自牆面，當地面、家具、地毯、花卉、飾品等都組織到一起的時候，色彩自然有機會豐富起來，而如果牆面的色彩過多，這種堆疊起來的色彩就不是豐富，而是混亂了。

我們應該將所有的牆面理解為室內陳設的背景色，除非特意製造動感的效果，否則還是將背景處理得單純一些，才能使室內陳設有一個清晰的背景。如果牆面除了塗刷牆漆之外，還有部分是鋪貼壁紙，那麼最好壁紙圖案的底色與牆漆相近，這樣才能保持兩者之間的共通感，不使幾個牆面之間彼此割裂。

Ｑ15：在家居行業的企業內，需要設立專門的色彩設計師職位嗎？

要判斷是否該設立一個獨立的職位，至少應從兩個方面來考慮。**其一，這個職位的工作與之前其他職位有沒有較多的重疊；其二，這個職位能否大幅度地提高客戶服務品質。**

傳統上，一個家居設計裝潢是由室內設計師包攬一切，自然也包括處理色彩問題。色彩設計師的工作好像與室內設計師有較多重疊，但情況並非如此。色彩設計師的工作是運用系統的空間色彩知識和工具，將色彩問題專門化，深入細緻地對色彩問題進行調研、分析，並提交合理的解決方案。這些工作似乎可以由室內設計師來完成，但要非常專業地處理這類問題，所投入的時間以及應具備的專門知識，已經超出了室內設計師所能承擔的範圍。**對流行**色的分析與預測、對消費者色彩喜好的調研、對建物所需色彩印象的採樣與提案、對色彩實施的督導與考量，這一系列的色彩工作，極需設立專門的色彩設計師職位來完成，而非全部打包交給其他設計師。市場的發展與專業的細分，已經對我們提出了更高的要求。

色彩設計師將與其他設計師一道，既分工又合作，共同將設計裝潢的完美度推向更高的標準。**這個職位在歐美國家早已經是設計團隊的標準配置之一了。**

色彩設計師能專門而周到地處理客戶所面臨的各種色彩問題（而色彩問題在很大程度上，也是客戶最關心的問題之一），使客戶在預算相近的情況下，得以實現符合自己個性和心理需求的色彩氛圍，並從中找到更多幸福感和歸屬感。**這樣的職位將為客戶創造更大的價值，同時將毫無疑問地為企業帶來更大的競爭力。**

Ｑ16：家居建材業的銷售人員需要掌握一定的空間色彩知識嗎？

這個是很有必要的，甚至是市場迫切需要的。消費者在購買家居建材的過程中，並非總是有設計師陪同與指導，而色彩問題又總是時常困擾著他們，尤其當客戶以 DIY 的方式進行裝修時，情況更是如此。銷售人員如果能掌握一定的空間色彩知識，為消費者做出合理的推薦與指導，這就擺脫了為銷售而銷售的困境，使得售出的產品，在最大程度上實現其價值。**這既提供了高附加值的客戶服務，又能從真正意義上獲得客戶的信任。**